石油化工工程消防设计审查验收案例及常见问题解析

王 晓 张晓君 鲍万民 张 燕 主编

中国建材工业出版社

北 京

图书在版编目（CIP）数据

石油化工工程消防设计审查验收案例及常见问题解析/
王晓等主编 . --北京：中国建材工业出版社，2024.5
　　ISBN 978-7-5160-4101-7

　　Ⅰ.①石…　Ⅱ.①王…　Ⅲ.①石油化学工业－工业企
业－消防　Ⅳ.①TE687

中国国家版本馆 CIP 数据核字（2024）第 062121 号

石油化工工程消防设计审查验收案例及常见问题解析

SHIYOU HUAGONG GONGCHENG XIAOFANG SHEJI SHENCHA YANSHOU ANLI JI CHANGJIAN WENTI JIEXI

王　晓　张晓君　鲍万民　张　燕　主　编

出版发行：中国建材工业出版社

地　　址：北京市海淀区三里河路 11 号

邮　　编：100831

经　　销：全国各地新华书店

印　　刷：北京天恒嘉业印刷有限公司

开　　本：889mm×1194mm　1/16

印　　张：7.25

字　　数：160 千字

版　　次：2024 年 5 月第 1 版

印　　次：2024 年 5 月第 1 次

定　　价：**79.80 元**

编写委员会

主编单位：淄博市建筑工程质量安全环保监督站

（淄博市建设工程消防技术服务中心）

山东省建设工程消防技术服务中心

参编单位：东岳氟硅科技集团有限公司

淄博齐翔腾达化工股份有限公司

山东鸿辰建筑工程有限公司

山东耿桥消防智能工程有限公司

山东新科建工消防工程有限公司

山东通达工程建设有限公司

淄博市临淄区住房和城乡建设局

桓台县建设工程质量安全保障服务中心

主　　　编：王　晓　张晓君　鲍万民　张　燕

副　主　编：许成铜　董献松　张　山　李东峰　王爱民

张国强　刘同强　陈矫伟　刘　东

主要编写人：苗永亮　褚科翔　曹素环　齐　曦　徐　磊

崔志华　李　勇　徐　进　李冰可　徐　慧

王　宁　张　雪　孙媛媛　李成豪　李桂东

徐天勇　崔　晓　王春苗　冯海亮　危立腾

主要审查人：张向阳　王　忠　宋清刚　姜子港　唐言明

序

石油化工行业一直是国家的重点发展领域，石油化工企业的安全生产是石油化工行业稳定、健康发展的重要保障。因石油化工企业加工的物料和产品易燃易爆、操作条件高温高压的特点，使石油化工企业的消防安全问题更加突出，需要从工程设计审查验收、日常生产管理、消防监督检查和灭火救援各个环节都做到有备无患。

2019年住房城乡建设部承接建设工程消防设计审查工作以来，分别出台了《建设工程消防设计审查验收管理暂行规定》和《建设工程消防设计审查验收工作细则》，为指导各地的消防设计审查验收工作发挥了重要作用。但是，除房屋建筑和市政基础设施工程外，包含石油化工工程在内的其他29类建设工程，由于行业特殊性以及技术复杂性，短期内难以配备足够的专业审验人员，在一定程度上制约了工程的建设进度，也为消防设计审查验收的质量埋下了隐患。因此，不断健全消防审查验收管理机制，探索创新消防审查验收管理模式，培养高水平的消防设计和审查验收人员，将是一项长期艰巨的任务。

2023年我在山东省建设工程消防技术服务中心进行技术交流时，了解到其正在组织编写《石油化工工程消防设计审查验收案例及常见问题解析》一书，我为淄博市建筑工程质量安全环保监督站、山东省建设工程消防技术服务中心及诸多参编单位踏实、勇于创新的工作作风感到敬佩。交流期间，我与编者鲍万民和张燕两位专家进行了深入的讨论，深感这项工作意义重大。《石油化工工程消防设计审查验收案例及常见问题解析》将标准规范与实际工程相结合，通过详细的案例分析和问题解析，图文并茂地说明了石油化工工程消防设计审查验收的流程以及各个环节的重点、疑点、难点问题，不仅可以作为消防设计和审查验收人员的工具书，也可作为相关技术人员的培训教材。

2024年已至，各地住建部门立足新发展阶段、贯彻新发展理念、构建新发展格局，在严守消防安全红线的同时需共同营造一流营商环境，为经济高质量发展赋能。愿中国建设工程消防行业能够不断创新，提升消防技术和管理水平，为国家的繁荣发展提供有力保障。

以此为序。

中国建筑科学研究院建筑防火研究所书记、所长

2024年1月10日

◢ 前　言

　　石油化工企业是以石油、天然气及其产品为原料，生产、储运各种石油化工产品的炼油厂、石油化工厂、石油化纤厂或其联合组成的工厂。随着经济的发展，石油化工工程日益增多，经济占比大、火灾危险性高，重特大事故一旦发生，损失严重、社会影响恶劣，经济发展与石油化工企业安全之间的矛盾日益显现。

　　石油化工工程消防审查验收工作责任重大、事关民心、触及民意、涉及民生，是建设平安中国，保障人民群众生命财产安全，确保国家长治久安、人民安居乐业的重要组成部分。为解决石油化工工程消防审查验收工作人员少、专业培训不足、技术资料匮乏等现实问题，淄博市建筑工程质量安全环保监督站、山东省建设工程消防技术服务中心等单位，对多个石油化工工程进行分类、汇总、整理、提炼，依据《石油化工企业设计防火标准》GB 50160、《建筑防火通用规范》GB 55037、《消防设施通用规范》GB 55036 等标准编制了《石油化工工程消防设计审查验收案例及常见问题解析》一书，供消防设计、审查、施工、验收等相关人员参考借鉴。

　　本书共分为 3 章，分别为生产、储存及装卸设施案例；配套公用设施案例；消防设计审查验收常见问题及应对措施。

　　由于编者水平有限，时间仓促，难免存在不足之处，在使用过程中如有意见和建议，请反馈至淄博市建筑工程质量安全环保监督站消防技术服务科。地址：淄博市联通路 88 号；联系电话：0533-3116601；传真：0533-3116575；电子邮箱：xfjsfwk@ zb. shandong. cn，以便今后修订时参考。

编　者

2024. 1

■ 目　录

1　生产、储存及装卸设施案例 ··· 1

    1.1　某甲类生产车间案例 ··· 1

    1.2　某甲类仓库案例 ··· 7

    1.3　某新建化工装置及配套设施案例 ····································· 18

    1.4　某技术改造工程生产装置案例 ······································· 29

    1.5　某液态烃罐区及装卸设施案例 ······································· 38

    1.6　某原油罐区案例 ··· 50

2　配套公用设施案例 ·· 60

    2.1　消防水泵房案例 ··· 60

    2.2　中央控制室、机柜间案例 ··· 73

    2.3　泡沫站案例 ··· 81

3　消防设计审验常见问题及应对措施 ······································· 90

    3.1　周边关系及总平面布置消防审验常见问题及应对措施（表3-1） ········· 90

    3.2　厂房、仓库消防审验常见问题及应对措施（表3-2） ················· 92

    3.3　装置区、储罐区、装卸设施、泡沫灭火系统消防审验常见问题及应对措施（表3-3） ··· 96

    3.4　消防供电、防爆、静电接地消防审验常见问题及应对措施（表3-4） ····· 98

    3.5　消防水泵房、消防供水系统消防审验常见问题及应对措施（表3-5） ····· 100

    3.6　中央控制室、机柜间消防审验常见问题及应对措施（表3-6） ········· 102

1 生产、储存及装卸设施案例

1.1 某甲类生产车间案例

1.1.1 项目概况

某石油化工项目配套高氯酸钠生产车间，建筑地上 2 层，建筑高度为 14.3m，使用性质为多层甲类厂房，占地面积为 1350m²，建筑面积为 2700m²，钢筋混凝土框架结构，耐火等级一级。

该工程主要消防设施有室内外消火栓系统、火灾自动报警系统、应急照明和疏散指示系统、灭火器等，并设有可燃、有毒气体浓度检测与事故通风系统连锁，防爆门斗内设有正压送风，平时保持正压。

1.1.2 总平面布局

该项目严格按照《石油化工企业设计防火标准》（GB 50160）、《石油化工工厂布置设计规范》（GB 50984）、《建筑设计防火规范》（GB 50016）等相关规范的要求把控总平面布局，项目与周围居民区、相邻工厂或设施、与同类企业的防火间距均满足要求。本企业周边无人口密集区、饮用水源地、重要交通枢纽等，无山区、河流，总平面布局相对安全可靠；不存在地区输油（输气）管道、架空电力线路穿越生产区。

1.1.3 总平面布置

该封闭式甲类厂房严格按照相关国家标准要求把控厂内生产装置、厂房、仓库、罐区、装卸设施区、办公区、中央控制室、机柜间、消防水泵房、变配电站等建筑、设施的防火间距要求。该厂房与厂区内最近的多层戊类生产车间（耐火等级二级）之间防火间距为 20.76m，与周围库房、罐区、配电室、控制室的间距均大于 30m（图 1-1）。

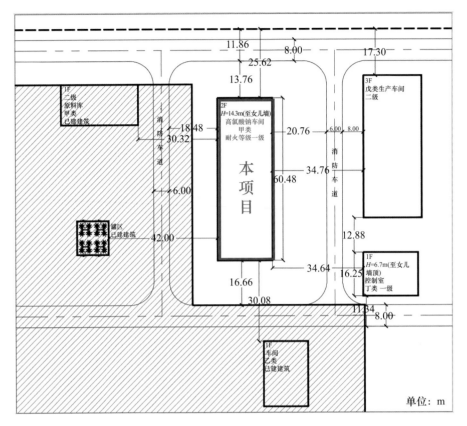

图 1-1　总平面布置图

1.1.4　防火分区、安全疏散

该车间每层建筑面积不超过 3000m²，每层作为一个防火分区；一层共设有 6 个直通室外的安全疏散出口，首层外门的最小净宽度大于 1.2m，间距均大于 5m；二层设有 2 部室外楼梯，最小净宽度为 1.1m，采用净宽度为 1.0m 的钢制甲级防火门通向室外楼梯，向疏散方向开启，室外钢制疏散楼梯梯段和平台均喷涂防火涂料进行防火保护，楼梯周围 2.0m 范围内的墙面上未设置门、窗、洞口。厂房内任意一点到最近安全出口之间距离均不大于 25m。

1.1.5　消防救援

该厂房外围设置环形消防车道，转弯半径为 12m，消防车道与建筑物之间无树木、架空管线等妨碍消防车操作的障碍物（图 1-1）；该车间每层设 6 个消防救援窗（图 1-2、图 1-3），净高及净宽均不小于 1.0m，下沿距室内地面高为 0.9m，并设置可在室内和室外识别的永久性明显标志。

1.1.6　防爆措施

该车间存在爆炸危险，设置轻质外墙（质量小于 60kg/m²）泄爆、安全玻璃外窗泄压设施。每层划分 3 个泄爆计算区域，泄压比 $c = 0.11$（m²/m³），外墙及门窗泄爆面积满足规范要求。

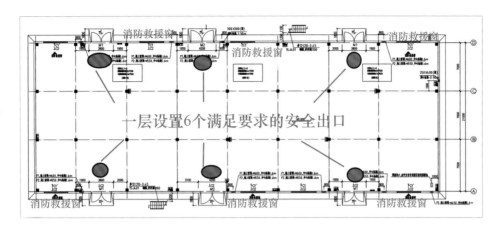

图 1-2　一层平面布置示意图

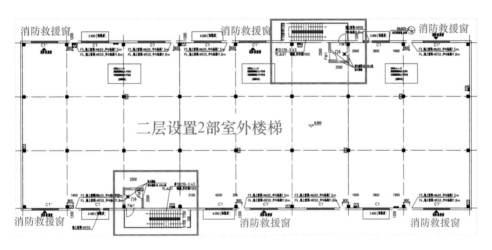

图 1-3　二层平面布置示意图

该车间二层室外楼梯入口处设置防爆门斗，门斗采用 240mm 厚的加气混凝土砌块墙，门斗耐火极限不小于 2.00h，屋面板耐火极限不小于 1.50h，采用甲级防火门与室外楼梯的门错位设置。

车间采用钢筋保护层厚度大于 25mm 的钢筋混凝土梁、截面尺寸大于 500mm×500mm 的钢筋混凝土柱、100mm 厚的钢筋混凝土楼板，地面、踢脚线均采用不发生火花的细石混凝土材料，实现结构防爆。

建筑内为爆炸性气体环境危险 2 区，爆炸性环境内的电气设备的保护级别 Gb，采用隔爆型 d 防爆电气设备的级别和组别不低于 ⅡB 级、T4 组，在 2 区内电缆线路无中间接头，实现电气防爆。

1.1.7　消防用电

车间室外最大消防用水量为 25L/s，消防应急照明可按照三级负荷设计，考虑其他罐区消防用水量需求，整个项目消防用电负荷设计为一级负荷，一路供电引自本公司 10kV 变配电站，另柴油发电机作为备用电源，满足一级负荷双重电源的要求。消防用电设备、应急照明线路，采用耐火导线穿金属管明敷并采取防火保护措施。车间保护接地采用 TN-S 系统，工作零线 N 与保护线 PE 严格分开敷设。

1.1.8 消防给水和灭火设施

车间室外消火栓流量为 25L/s，室内消火栓流量为 10L/s，火灾延续时间为 3h，消防用水设计流量为 35L/s，消防用水量不小于 378m³。室内消火栓箱内设置 SNW65-Ⅲ 型稳压减压型消火栓，MF/ABC6kg 手提式灭火器，带有内衬里的消防水带长度 25m，喷嘴直径为 19mm 的直流-水雾两用水枪，内径为 19mm、长度为 30m 的消防软管卷盘，消火栓按钮。室内消火栓栓口距地面 1.10m，动压不小于 0.35MPa，充实水柱不小于 13m。室内外消防用水量均由消防水池提供，消防水池有效容积为 900m³。

为扑救室内可燃液体引起的火灾，在消防水管道上增加室内泡沫消火栓，泡沫消火栓箱内配备 25m 消防软管卷盘、30L 泡沫液箱（6% 抗溶性水成膜泡沫）、管线式比例混合器、泡沫喷枪等。

车间按 A 类火灾严重危险级配置灭火器，灭火器级别为 3A（89B），每个配置点设置 2 具手提式干粉灭火器 MF/ABC6。

1.1.9 火灾自动报警系统

该车间不存在需要联动的消防设施，火灾自动报警系统采用区域火灾报警系统，设置 6 个手动报警按钮用于报警，6 个火灾声光警报器用于提醒人员疏散，消火栓箱内 14 个消火栓按钮用于反馈信号，线路采用穿管埋地敷设至消防控制室内（图 1-4）。

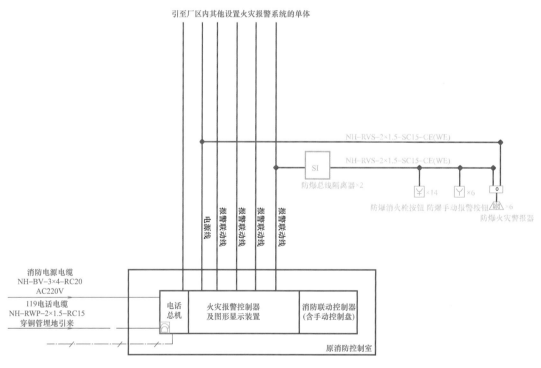

图 1-4　**火灾报警系统图**

1.1.10 应急照明和疏散指示系统

厂房在室外楼梯处、防爆门斗处、首层对外的出入口、疏散通道上分别设置了防爆应急照明和疏散指示系统，采用集中电源非集中控制型，A 型消防应急灯具。本建筑室内高度大于 4.5 m，设置大型疏散标志灯，应急照明集中电源箱、应急照明灯具及其连接附件的防护等级应不低于 IP65；应急照明集中电源箱采用壁挂安装，采用下出口进线方式（图 1-5）。

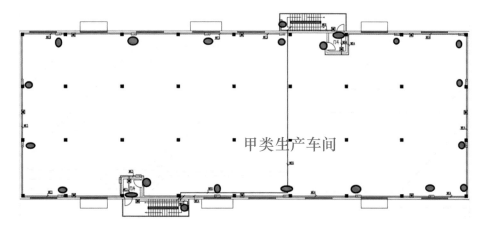

图 1-5　二层应急照明和疏散指示标志平面布置示意图

1.1.11　事故通风

依据《建筑设计防火规范》（GB 50016），本建筑未设置封闭楼梯间、防烟楼梯间、消防电梯前室等，也未设置排烟设施、机械加压送风系统。高氯酸钠属于"强氧化剂"和"易爆品"，在车间上部及下部共设置 32 台事故通风机，换气次数为 12 次/h。事故排风机由可燃有毒气体探测器连锁启动，并分别在室内及靠近出口的外墙上设置手动操作开关。事故排风机排出室外的有害气体通过风管排出屋顶，排风管道出口高出屋面 5 m，风管顶部设圆伞形风帽。为保证二层防爆门斗内平时保持正压，门斗 2 套正压送风系统均采用防爆风机，正压送风系统设置备用风机且能自动切换（图 1-6）。

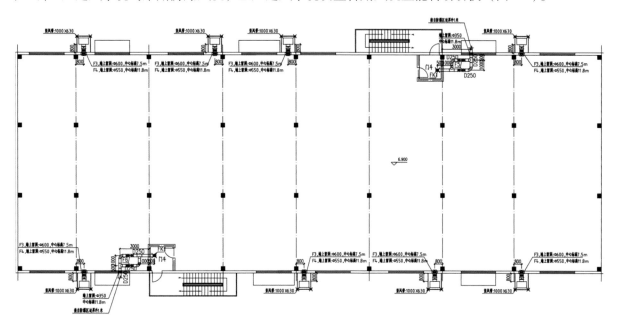

图 1-6　通风系统平面布置示意图

1.1.12 重点、难点及应对措施

1.1.12.1 消防水源

原厂区消防水池容量不能满足本项目的要求，鉴于厂区内有一座符合有效容积的生活水池，将该水池改造后作为消防水池用，新建消防泵房（设置 1 台 XBD7.2/60G-G-HO 电动消防水泵；1 台 XBC8.0/60G-SS 柴油机消防泵及 1 套消防稳压装置），充分保证厂区内消防用水。

1.1.12.2 增设高位消防水箱

原厂区未设置高位消防水箱，为保证消火栓系统火灾初期消防用水量，改造时在厂区高氯酸钠车间（厂区设有室内消火栓的最高建筑）屋顶设置一座 18m³ 高位消防水箱。

1.1.13 项目亮点和成效

1.1.13.1 多举措保障消防安全

1. 项目采用 BIM 等先进技术手段，施工更精准，设备、管道排布更整齐。改造后，消防泵房、消防水池、高位水箱满足全厂的消防需求，同时消除改造项目施工难度大的问题。

2. 多次开展技术交底、图纸会审，提前解决施工问题和"疑难杂症"。

3. 利用原有生活水池改造成消防水池，大幅缩短建设工期，节约建设成本。

4. 在防火间距、安全疏散出口、疏散通道、防爆门斗和救援设施配置上坚持"以人为本、预防为主"的理念，保证人员疏散及救援安全的前提下不增加成本。

1.1.13.2 为后续扩产增容供电做好准备

本项目三级负荷供电即可满足消防要求，依然按照一级负荷设计，一路供电引自本公司 10kV 变配电站，另一路供电由柴油发电机提供。柴油发电机做备用电源，既节约了建设单位的初期投资成本，又为后续扩产增容供电做好准备。

1.1.13.3 多种措施保障消防供水

为满足《石油化工企业设计防火标准》（GB 50160—2008）（2018 年版）第 8.3.8 条，本项目新建消防水泵房，备用泵采用柴油机泵，同时改造生活水池后用于消防水池，本单位消防水泵动力源得到了充分保障，保障消防供水条件。

1.1.13.4 防爆措施齐全

1. 车间独立设置，承重结构采用钢筋混凝土框架结构；轻质外墙及外窗采用安全玻璃泄爆，泄压设施设置在靠近有爆炸危险的部位，并避开人员密集场所和主要交通道路。车间有爆炸危险区域与室外楼梯连通处，均设置防爆门斗，甲级防火门与通向室外楼梯的门错位设置。车间采用不发火花的地面，采用绝缘材料做整体面层，建筑防火防爆措施落实到位。

2. 设有可燃有毒气体探测器连锁启动事故排风机，防止可燃、有毒气体浓度超过规定值。32 台事故排风机防止可燃气体、粉尘纤维积聚，并在室内及靠近出口的外墙上均设置手动操作开关，预防性技术措施落实到位。

3. 该车间为爆炸危险区域 2 区，所选事故通风机、加压送风机、照明灯具、配电箱、手动报警按钮、声光警报器、消火栓按钮等防爆电气设备规格型号符合现行国家标准《爆炸危险环境电力装置设计规范》(GB 50058) 相关要求，电气防爆措施落实到位。

1.1.13.5 疏散安全措施到位

首层设置 6 个直通室外的安全出口，保证疏散宽度和疏散距离满足规范要求；在二层设置 2 部室外楼梯，并设置防爆门斗，保证疏散安全。

1.1.13.6 经验借鉴

为更好地服务企业，打造更好的营商环境，当地住房和城乡建设局的负责人员、消防专家多次到现场与建设、施工、监理、设计等单位进行对接，并在施工全过程提供技术支持、指导，及时掌握施工进度和质量，建设单位、施工单位积极配合整改，以最大限度节约工期，顺利通过消防验收，项目比原计划提前 1 个月投产。

1.2 某甲类仓库案例

随着石油化工装置规模的大型化，工艺连续生产过程需要的原材料用量和产品储存量大大增加。石油化工企业的仓库越来越多，尤其是甲、乙类仓库。甲、乙类仓库火灾危险性大，发生火灾后对周边建筑的影响范围广，有关防火间距、防火分区、防爆措施等防火设计要严格控制。

1.2.1 工程概况

某石油化工有限公司甲类仓库，地上 1 层，建筑高度为 6.23m，建筑面积为 736.25m²，分为 3 个防火分区，门式钢架结构，耐火等级一级，仓库火灾危险性甲类 1 项。

1.2.2 合理布置周边关系

石油化工企业在进行厂区、库区选址规划时，综合考虑工艺装置（单元）、罐区、火炬、全厂性重要设施与相邻工厂或设施及相邻同类企业的防火间距，兼顾核算本甲类仓库与相邻工厂、周边企业的防火间距要求。

1.2.3 总平面布局

本甲类仓库防火间距均严格按照现行国家标准《建筑设计防火规范》(GB 50016)、《石油化工企业设计防火标准》(GB 50160) 执行，甲类仓库与仓库、工艺装置（单元）、全厂重要设施、明火设备

（锅炉房、火炬等）、储罐区、装卸区、泵区、铁路线之间的防火间距均满足规范要求（图 1-7）。

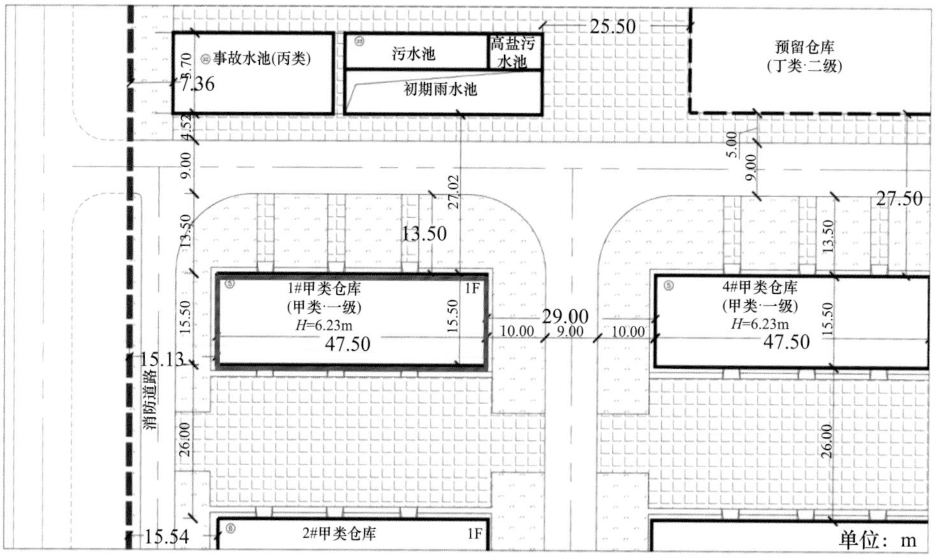

图 1-7　总平面布置图（节选）

1.2.4　耐火等级设计

本建筑主要建筑构件燃烧性能和耐火极限如表 1-1 所示，建筑耐火等级达到一级要求。

表 1-1　主要建筑构件燃烧性能和耐火极限

构件名称		材质	结构厚度或截面尺寸/mm	耐火极限/h	燃烧性能
墙	非承重外墙	加气混凝土砌块	240	>8.0	不燃烧体
	防火墙	配筋砖墙	240	>4.0	不燃烧体
柱		刷防火层的钢柱	—	>3.0	不燃烧体
		柱间支撑	—	>3.0	不燃烧体
梁		刷防火层的钢梁	—	>2.0	不燃烧体
屋面板		岩棉夹芯板	100	>0.5	不燃烧体
防火墙上钢筋混凝土梁耐火极限为 4.0h。					

1.2.5　平面布置、防火分区、疏散

本项目的总控制室独立设置，离本仓库距离较远；甲类仓库仅设置仓储功能，未设置宿舍、办公、休息室。

仓库内划分 3 个建筑面积均小于 250m² 的防火分区，防火分区之间的防火墙采用 240mm 配筋砖墙，耐火极限不低于 4.0h。

每个防火分区均在南、北方向各设一个直通室外的安全出口，且外门净宽不小于 1.2m，满足疏散要求（图 1-8 至图 1-10）。

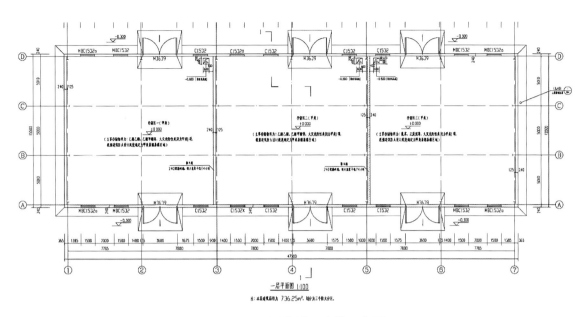

图 1-8　平面布置、疏散示意图

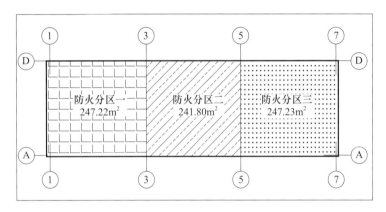

图 1-9　防火分区示意图

图 1-10　现场实拍

1.2.6　防止火灾蔓延的措施

该仓库 3 个防火分区之间，紧靠防火墙两侧的门、窗、洞口之间最近边缘的水平距离不小于 2.0m，能在一定程度上阻止火势沿建筑外墙向门、窗蔓延。

该仓库内储存多种物品，不同储存物品之间采用不燃烧体移动隔墙（图 1-11）。

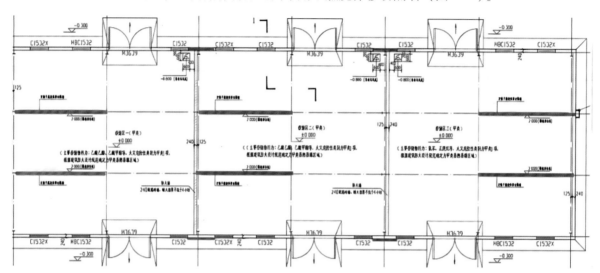

图 1-11　防止火灾蔓延的措施

1.1.7　消防救援

该甲类仓库在北侧长边及东、西侧均设有消防车道，消防车道净宽为 9m，净高大于 5m，转弯半径为 12m，满足《石油化工企业设计防火标准》(GB 50160—2008)（2018 版）第 4.3.4 条的要求。

每个防火分区南、北外墙共设置 2 个可供消防救援人员进入的救援窗口，净高度和净宽度均不小于 1.0m，下沿距室内地面均不大于 1.2m，间距不大于 20m，室内外设置易于识别的标志。

1.2.8　防爆措施

1.2.8.1　泄压设施

该甲类仓库采用轻质屋面作为泄压设施如图 1-12 所示，防火分区 1 需泄压面积为 128.84m²，屋面实际泄压面积为 230.48m²；防火分区 2 需泄压面积为 131.65m²，屋面实际泄压面积为 238.07m²；防火分区 3 需泄压面积为 128.84m²，屋面实际泄压面积为 230.48m²；屋面板可以满足泄压面积要求。屋面板采用质量小于 60kg/m² 的岩棉夹芯彩钢板，门、窗玻璃均采用 4mm 爆炸时无尖锐碎片的钢化安全玻璃。外围护墙 1.2m 以下采用蒸压加气混凝土砌块墙，1.2m 以上采用纤维增强水泥板墙，墙体由脆性的水泥薄板、轻钢龙骨与岩棉共同组成，轻质保温，爆炸时呈块状或粉末状，不易形成二次伤害。

图 1-12　轻质屋面作为泄压设施

1.2.8.2　防止液体流散措施

该甲类液体仓库内未设置管、沟，为防止液体流散，每个防火分区内均设有集液坑，并在仓库门洞处修筑慢坡防止液体向室外流散，设置雨棚防止渗漏雨水，慢坡及雨棚平面图如图 1-13 所示。

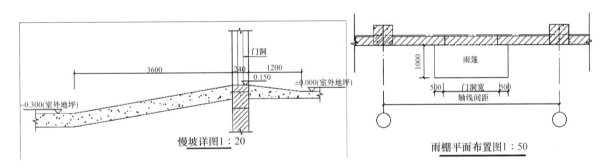

图 1-13　慢坡及雨棚平面图

1.2.8.3　可燃气体浓度探测和通风设施

本仓库采用平整、无死角的轻质屋面板作泄压设施，设置窗户及通风机，保证通风良好。

仓库内设置可燃气体浓度报警装置，设置与可燃气体浓度报警装置连锁的防爆型事故通风设备，事故通风量按照换气次数不小于 12 次／h 设计，风机中心安装距地 +0.5m，事故风机与日常通风机分别设置一台备用风机，风机中心安装高度分别为 +4.5m 和 +0.5m，该仓库在建筑北侧墙体上共安装 9 台防爆通风机，通风设备和风管均采取防静电接地措施；通风机在靠近外门的外墙上设置防爆型的电气开关（图 1-14、图 1-15）。

图 1-14　可燃气体浓度探测器

图 1-15　仓库事故通风布置

1.2.8.4　电气防爆

1. 该仓库内储存物品为甲类 1 项，属于爆炸危险区域，电气设备采用隔爆型，防爆组别、级别为 EXd Ⅱ BT4Gb（图 1-16）。

2. 电气线路在一区内电缆线路严禁有中间接头，在二区不应有中间接头（图 1-16）。

3. 配电箱及开关全部设置在仓库外（图 1-16）。

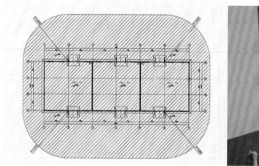

图 1-16　爆炸危险区域划分及配电箱布置示意图

1.2.9　消防设施配置

1.2.9.1　消火栓系统

1. 本甲类仓库室外消火栓用水量为 25L/s，厂区沿道路敷设 DN300 的消防供水管网，并设室外地上消火栓干式减压稳压型 SS100/65-1.6；室外消火栓距离道路不大于 2m，距离建筑物外墙不小于 5m，室外地上消火栓的间距不大于 60m，周围供本仓库使用的室外地上消火栓不少于 2 处。

2. 本甲类仓库室内消防供水引入管入口供水压力约为 0.65MP，室内消火栓均采用减压稳压型消火栓，栓口动压不小于 0.35MPa。室内消火栓用水量为 10L/s，火灾延续时间按 3h 计算，消防用水量为 378m³。消防水枪充实水柱不小于 13m。仓库内不设供暖设施，室内消火栓采用干式系统，消火栓给水引入管处设防爆电动阀，电动阀开启时间不大于 30s。每一个室内消火栓箱处设直接开启电动阀的手动按钮，同时消防控制中心反馈信号。室内消火栓管道系统最高处设快速自动排气阀，干式消火栓系统管网充水时间不大于 5min（图 1-17、图 1-18）。

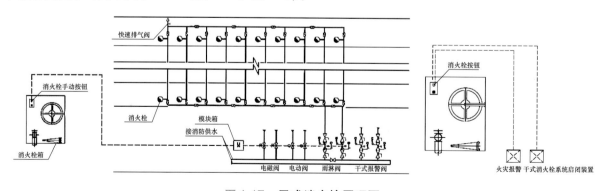

图 1-17　干式消火栓原理图

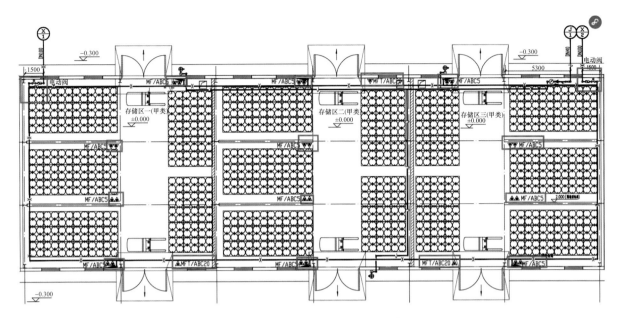

图 1-18　室内消火栓、灭火器平面布置图

3. 消防给水系统依托保税罐区已有稳高压消防水系统，消防泵站内设有 2 个容积为 4000m³ 的消防水罐，总储水量为 8000m³；消防泵房消火栓泵 4 台（2 台电动泵 2 台柴油机泵），消防供水流量为 350L/s，供水压力为 1.00MPa，稳压泵型号 XBD11/10-80GDL；消防供水量大于设计水量，消防水罐及消防泵房能够满足本项目的消防供水要求。

1.2.9.2　火灾自动报警系统

本工程设置集中火灾自动报警系统，设有防爆型点型感烟火灾探测器、手动报警按钮，主要出入口附近设置火灾声光报警显示装置，消防联动控制器具有切断火灾区域及相关区域的非消防电源的功能。

该仓库按照防火分区设置总线，不穿越防火分区。室外的火灾自动报警系统的供电线路和传输线路埋地敷设至消防控制室（图 1-19）。

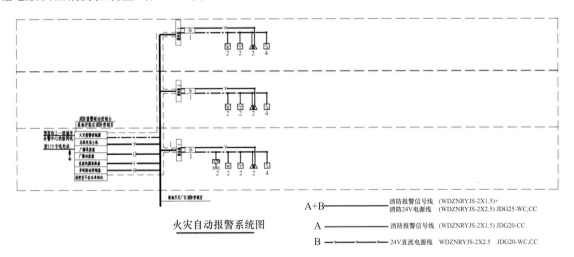

火灾自动报警系统图

A+B	————	消防报警信号线 (WDZNRYJS-2X1.5)+ 消防24V电源线 (WDZNRYJS-2X2.5) JDG25-WC,CC
A	————	消防报警信号线 (WDZNRYJS-2X1.5) JDG20-CC
B	————	24V直流电源线 WDZNRYJS-2X2.5 JDG20-WC,CC

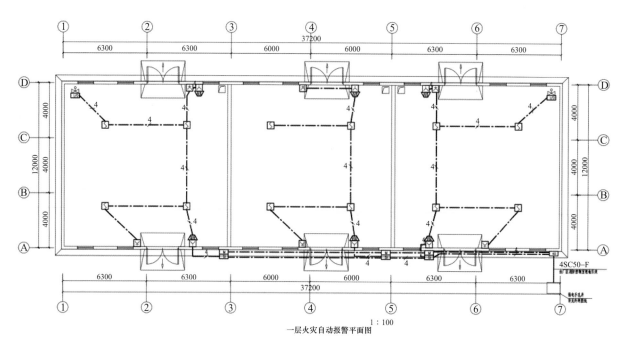

一层火灾自动报警平面图
1 : 100

图 1-19　火灾自动报警系统平面布置图、系统图

1.2.9.3　应急照明和疏散指示系统

本仓库设有自带电源集中控制型应急照明和疏散指示系统，应急照明控制器设置在项目中心控制室内。应急照明灯、安全出口灯、疏散指示灯均采用 A 型防爆型灯具，自带蓄电池持续供电时间为 60min。建筑物内疏散照明的最低水平照度为 3.0lx。本建筑室内净空高度大于 4.5m，选择特大型或大型标志灯。

应急照明配电箱的输入及输出回路中不装设剩余电流动作保护器，输出回路严禁接入系统以外的开关装置、插座及其他负载；消防线路均采用耐火铜芯绝缘导线或铜芯电缆；电气管线穿过墙体、预留孔洞或穿过不同防火分区采取防火封堵措施（图 1-20、图 1-21）。

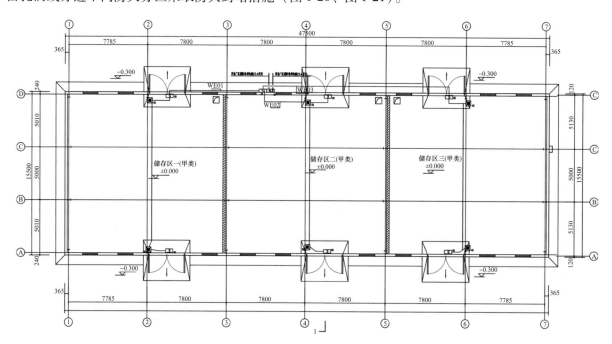

图 1-20　应急照明和疏散指示系统平面布置示意图

序号	图例	名称	规格	单位	数量	备注
1	ALE EX	防爆型双电源配电箱	见系统图	台	1	底边距地1.5m，嵌墙暗装
2	YJ EX	防爆型A型消防应急灯具专用电源箱	甲方优化选型	台	1	底边距地1.5m，嵌墙暗装
3	S EX	防爆型应急疏散出口指示灯	DC36V 1W LED 应急时间不小于120min	盏	6	门上方0.2m，壁装
4		（自带蓄电池）	达到使用寿命周期后标称的剩余容量应保证放电时间满足120min的持续工作时间			ExdⅡB T4 Gb IP66
5	◉ EX	防爆型应急照明灯	DC36V 5W LED 应急时间不小于120min	盏	6	距地2.5m，挂壁安装
6		（自带蓄电池）	达到使用寿命周期后标称的剩余容量应保证放电时间满足120min的持续工作时间			ExdⅡB T4 Gb IP66

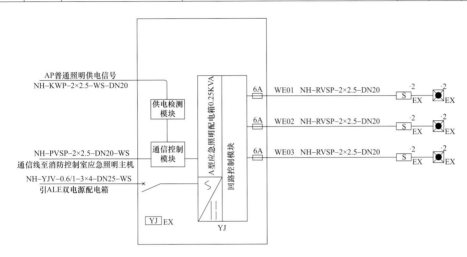

图 1-21　应急照明和疏散指示系统材料表和配电系统图

1.2.9.4　灭火器配置

本仓库内每个防火分区设 4 具 MF/ABC5 手提式灭火器，并增设 MFT/ABC20 推车式灭火器。

1.2.10　消防审验、施工阶段难点及应对措施

1.2.10.1　图纸审查阶段难点及应对措施

1. 初始设计阶段，确定周边关系时未按照《石油化工企业设计防火标准》（GB 50160—2008）（2018 年版）中表 4.1.9、表 4.1.10 中甲、乙类工艺装置或设施来核算甲类仓库与相邻工厂、同类企业的防火间距。

应对措施：依据《石油化工企业设计防火标准》（GB 50160—2008）（2018 年版）第 2.0.3 条条文说明：甲类仓库属于表中的甲、乙类工艺装置或设施。依据表 4.1.9、表 4.1.10 中甲、乙类工艺装置或设施重新核算防火间距后，仓库与周边企业的防火间距均满足要求。

2. 总平面图中厂内道路未明确主要道路还是次要道路，防火间距无法精准核算。

应对措施：设计单位与建设单位沟通，在总平面布置图中明确本仓库北侧的场内道路为主要道路，与本仓库之间的防火间距不小于 10m，消防车道也按照要求重新设计（图 1-22）。

3. 设计深度不够，如甲类仓库只给出总泄压面积，未给出每个计算段所需的面积，防静电地面具体做法，无法指导施工；未明确室外的火灾自动报警系统等消防线路的敷设路径，容易造成返工。

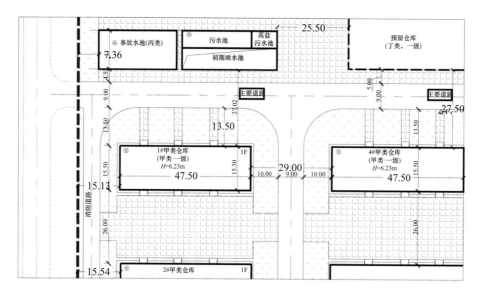

图 1-22　修改后的总平面布置图（节选）

应对措施：设计单位深化设计，平面图中每个防火分区所需要的泄压面积、屋面现有面积进行计算和比较；给出地面做法说明，要求采用不发生火花的地面，能精确指导施工（图1-23）。

防爆泄压说明：

1.存储区一(甲类)根据建筑防火设计规范确定为甲类易燃易爆区域，采用屋顶泄压，泄压比为0.11。

　长径比=15.345×(15.02+5.50)×2/(15.02×5.50×4)=1.91

　所需的泄压面积：$s_A=10CV^{2/3}=1.1×(15.345×15.02×5.50)^{2/3}=128.84m^2$。

　实际的泄压面积：$s_B=15.345×15.02=230.48m^2$。$s_B>s_A$，泄压面积满足要求。

2.存储区二(甲类)根据建筑防火设计规范确定为甲类易燃易爆区域，采用屋顶泄压，泄压比为0.11。

　长径比=15.345×(15.02+5.50)×2/(15.02×5.50×4)=1.97

所需的泄压面积：$s_A=10CV^{2/3}=1.1×(15.85×15.02×5.50)^{2/3}=131.65m^2$。

实际的泄压面积：$s_B=15.85×15.02=238.07m^2$。$s_B>s_A$，泄压面积满足要求。

3.存储区三(甲类)根据建筑防火设计规范确定为甲类易燃易爆区域，采用屋顶泄压，泄压比为0.11。

长径比=15.345×(15.02+5.50)×2/(15.02×5.50×4)=1.91

所需的泄压面积：$s_A=10CV^{2/3}=1.1×(15.345×15.02×5.50)^{2/3}=128.84m^2$

实际的泄压面积：$s_B=15.345×15.02=238.48m^2$。$s_B>s_A$，泄压面积满足要求

	地面做法
不重发点火防渗混凝地土面	《楼地面建筑构造》12J304第118页编号DF9，燃烧性能等级：A级，(适用范围：所有地面)
	1.圆盘抹平，收光，喷洒养护剂
	2.混凝土初凝时撒入不发火耐磨硬化剂，厚度为3mm
	3.200厚C30抗渗混凝土(抗渗等级P8)，内配φ4@200单层双向钢筋，抹平
	4.150厚3：7灰土
	5.素土夯实，压实系数不小于0.95
	(不发火面层做法详见12J304第106页编号DE1)

		踢脚做法
踢脚	水泥砂浆不发火踢脚	《工程做法》05J909第TJ19页编号踢15A，燃烧性能等级：A级，(适用范围：砖墙踢脚)
		1.7厚1：2.5不发火水泥砂浆面层压实赶光(骨料用不含杂物的石灰石、白云石砂)
		2.11厚1：3水泥砂浆打底划出纹道
		3.砖墙、水泥板墙
	水泥砂浆不发火踢脚	《工程做法》05J909第TJ19页编号踢15D，燃烧性能等级：A级，(适用范围：砌块墙踢脚)
		1.7厚1：2.5不发火水泥砂浆面层压实赶光(骨料用不含杂物的石灰石、白云石砂)
		2.5厚1：0.5：2.5水泥石灰膏砂浆打底划出纹道
		3.6厚1：1：6水泥石灰膏砂浆打底划出纹道
		4.界面剂一道(甩前用水喷湿墙面)
		5.加气混凝土砌块墙

图 1-23　修改后设计图纸（节选）

依据《火灾自动报警系统设计规范》(GB 50116—2013) 第 11.1.3 条及《石油化工企业设计防火标准》(GB 50160—2008)(2018 年版) 第 9.1.3A 条：消防配电线路宜直埋或充砂电缆沟敷设；确认需要地上敷设时，应采用耐火电缆敷设在专用的电缆桥架内，且不应与可燃液体、气体管道同架敷设。

设计单位修改后明确消防线路室外线路均埋地敷设，修改后标注在图纸中。

4. 设计资料提出钢结构构件耐火极限要求，未给出钢结构防火涂料详细做法、厚度要求，无法保证建筑构件的耐火极限。

应对措施：明确钢结构防火保护措施及具体做法，补充钢结构防火保护措施及具体做法，避免重复施工（图 1-24）。

十三、钢结构防火及涂装		
1. 本工程耐火等级为一级，大气环境对建筑钢结构长期作用下的腐蚀性等级按Ⅲ级轻腐蚀设计		
结构钢构件应进行抛丸除锈处理，除锈等级要求达到Sa2.5级标准。并进行防锈底漆涂装		
钢结构防腐蚀保护层设计使用年限15(年)，钢结构构件防腐应符合《建筑钢结构防腐蚀技术规程》(JGJ/T 251—2011)之规定		
钢构件防火、防腐做法见下表：		
涂2	1. 清理基层，喷砂除锈等级为Sa2.5级 2. 刷环氧富锌(含锌量大于70%)底漆2遍，干膜厚度70μm 3. 刷环氧云铁中间涂料1遍，干膜厚度70μm 4. 刷或喷室内用防火涂料，喷刷遍数与每遍厚度按产品说明 (厚型涂层总厚度7~50mm，薄型涂层总厚度3~7mm) 5. 刷银灰色脂肪族聚氨酯面漆3遍，干膜厚度100μm 涂2适用于非环氧类钢结构防火涂料	钢构件包括钢柱、柱间支撑、钢梁、屋面支撑、系杆。 钢柱、柱间支撑耐火极限为2.5h，钢梁、屋面支撑、系杆耐火极限为2.0h。
涂3	1. 清理基层，喷砂除锈等级为Sa2.5级 2. 刷环氧富锌(含锌量大于70%)底漆2遍，干膜厚度70μm 3. 刷或喷室内用环氧类膨胀型钢结构防火涂料 喷刷遍数与每遍厚度按产品说明 (厚型涂层总厚度7~50mm，薄型涂层总厚度3~7mm)	
对檩条、隔撑、拉条等冷弯薄壁构件均采用热镀锌防腐，镀锌量不小于275g/m²		
2. 防火涂料施工前，钢结构构件应进行抛丸除锈处理，除锈等级要求达到Sa2 1/2级标准，并进行防锈底漆涂装		
3. 防火涂料的粘结强度、抗压强度应符合有关标准的规定，检查方法应符合现行国家标准《建筑构件耐火试验方法》		

图 1-24　钢结构防火设计修改后（节选）

5. 本项目设有可燃气体检测报警系统，气体探测器、报警控制单元、现场警报器等的供电负荷，应按一级用电负荷中特别重要的负荷考虑。原设计图纸按照二级负荷设计，供电方式不满足要求。

应对措施：依据《供配电系统设计规范》(GB 50052—2009) 第 3.0.2 条文说明，本单位用电负荷中一级负荷所占的数量和容量都较少时，二级负荷所占的数量和容量较大时，本单位的负荷作为一个整体，可认为是二级负荷。

建设单位积极与设计单位沟通，为提高消防供电可靠性，两路电源均引自本公司10kV变电站不同母线段，并提出增加柴油发电机，满足一级负荷供电要求；保证本单位消防水泵满足双电源、双动力源的安全运行保障，并为后期扩容做好供电准备。

1.2.10.2　施工过程难点及应对措施

施工过程问题	整改措施
钢框架结构,防火分区之间的防火墙砌筑不到顶,侧面不到边,防火分隔不彻底	防火墙砌筑到屋面板板底,侧面到墙边,将钢结构梁、柱包覆在防火墙内
通风机的配电箱设在仓库内,未按图纸施工	将配电箱移出至仓库门口,选用防护等级 IP67 的配电箱,保证爆炸危险区域范围内不设置接头
消火栓按钮不能直接打开干式消火栓系统电动阀,仅依靠火灾自动报警系统联动开启	重新调整接线,实现消火栓按钮直接开启干式消火栓系统的电动阀,同时信号反馈至消防控制室

1.2.10.3　项目亮点和经验借鉴

1. 建设单位在项目初步设计阶段与设计单位深度沟通,通过 BIM 等技术手段将建设单位使用意图贯彻到位,避免后续出现变更事项。

2. 建设单位提前组织专家及施工单位进行图纸会审、设计单位技术交底,提前解决图纸存在的问题及各类"疑难杂症"。

3. 本项目从总平面布局、平面布置、防火(防烟)分区、安全疏散、建筑构造、消防给水和固定灭火器、防排烟及电气消防等各方面做相应的考虑。整个建筑均利用自身的防火系统达到消防要求,使整个工程能在防火及灭火设计方面达到良好效果,以减少火灾时的损失,确保生命财产的安全。

4. 本项目消防用电按照二级负荷设计可满足现行国家标准要求,其两路电源均引自本公司 10kV 变电站不同母线段。建设单位积极与设计单位沟通,为提高消防供电可靠性,提出增加柴油发电机,满足一级负荷供电要求;保证本单位消防水泵满足双电源、双动力源的安全运行保障。

5. 防爆措施全面、到位。

1)甲类仓库独立设置,承重结构采用钢结构。

2)甲类仓库泄压轻质屋面板,门窗玻璃均采用钢化安全玻璃,爆炸时无尖锐碎片的材料产生,外墙采用蒸压加气混凝土砌块和纤维增强水泥板墙。泄压设施避开人员密集场所和主要交通道路。

3)该仓库室内防火墙采用加筋砖砌墙,并将防火墙上的钢柱、钢梁全包覆,防火墙耐火极限得到充分保证。

4)仓库内不设地沟,甲类仓库内有液体,室内设置慢坡防止液体流散。门口处设置雨棚、斜坡。室内将仓库物品抬高放在架子上等保护措施防止水浸渍。

5)本工程电气设备防爆级别不低于 EXdⅡBT4Gb,设备的外露可导电部分采用专用接地线可靠接地。

1.3　某新建化工装置及配套设施案例

1.3.1　项目概况

某丙烷脱氢项目由主装置及 PDH(丙烷脱氢)装置配电室、装卸车栈台组成。主装置为 30 万 t/年丙烷脱氢制丙烯装置,火灾危险性甲类,耐火等级二级。项目包含反应单元、压缩单元、低温回收单元、产品精制单元、丙烯制冷系统、乙烯制冷系统、废水汽提塔、PSA（变压吸附）单元、泄放和火炬系统共9个单元，项目原料及产品火灾危险性均为甲类。各单元框架均为露天布置，便于可燃气体迅速扩散。反应单元、压缩单元、低温回收单元框架高度超过15m。项目配置火灾自动报警系统、消火栓系统、固定式消防水炮系统、水喷雾灭火系统、蒸汽灭火系统、可燃气体探测报警系统等消防设施。

1.3.2 火灾危险因素分析

本装置的原料为丙烷，主产品为丙烯，副产品为氢气、液化石油气、C_{4+} 重组分等，以上物料均为可燃、易燃、易爆介质。根据物料的性质，按照《石油化工企业设计防火标准》（GB 50160—2008）（2018 版），本装置的火灾危险类别为甲类。

1.3.3 区域规划及工厂总平面布置

1.3.3.1 区域规划

项目所在厂区位于石化工业园区内，东临辛河路，北临寿济路，西侧为村庄，与周围企业、村庄、道路、架空线的防火间距满足《石油化工企业设计防火标准》（GB 50160—2008）（2018 年版）第4.1.9 条、第4.1.19 条相关要求（图 1-25）。

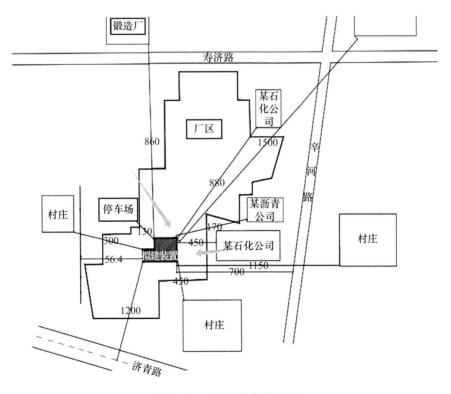

图 1-25 **项目周边关系图**

1.3.3.2 总平面布置

该项目位于厂区内东南角，项目东侧为厂区围墙；南侧为公司 2#中心控制室；西侧为循环水场、2#35kV 总变电所；北侧为成品油装卸车区（图 1-26）。

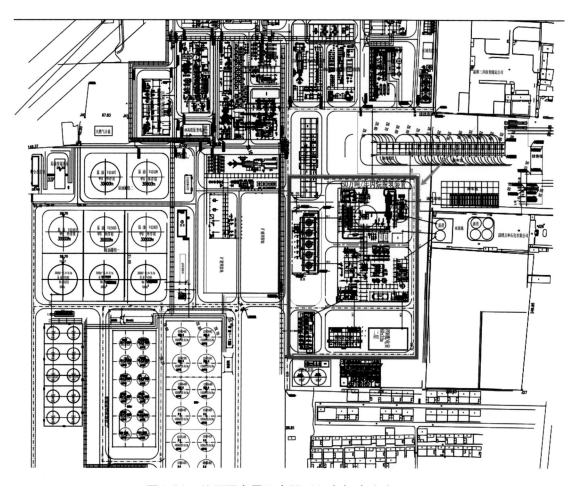

图 1-26　总平面布置示意图（红色框内为本项目）

装置（设施）与四周相邻设施的防火间距如表 1-2 所示。

表 1-2　装置（设施）与四周相邻设施的防火间距

设施设备	相对方位	建、构筑物	依据标准	设计间距/m
丙烷脱氢制丙烯装置（甲类）	东	厂内消防通道	GB 50160—2008 表 4.2.12	11.00
	东	厂内消防通道	GB 50016—2014 第 7.1.8 条	11.00
	东	厂区围墙	GB 50160—2008 表 4.2.12	31.50
	东	拟建油气回收装置（甲类）	GB 50160—2008 表 4.2.12	41.00
	南	厂内消防通道	GB 50160—2008 表 4.2.12	10.00
	南	厂内消防通道	GB 50016—2014 第 7.1.8 条	10.00

设施设备	相对方位	建、构筑物	依据标准	设计间距/m
丙烷脱氢制丙烯装置（甲类）	南	PDH 变配电室（第二类重要设施，区域性）	GB 50160—2008 表4.2.12 注3	40.50
	南	2#中心控制室（第一类重要设施，拟建）	GB 50160—2008 表4.2.12	40.50
	西	厂内消防通道	GB 50160—2008 表4.2.12	20.00
	西	厂内消防通道	GB 50016—2014 第7.1.8 条	20.00
	西	拟建循环水设施（第二类重要设施，区域性）	GB 50160—2008 表4.2.12 注3	38.50
			GB 50489—2009 表5.5.3	38.50
	西	拟建2#35kV 总变电所（丙类，第二类重要设施）	GB 50160—2008 表4.2.12	40.50
	南	拟建空压制氮设施（第二类重要设施，区域性）	GB 50160—2008 表4.2.12 注3	37.57
	北	厂内消防通道	GB 50160—2008 表4.2.12	12.00
	北	厂内消防通道	GB 50016—2014 第7.1.8 条	12.00
	北	在建成品油装卸车区	GB 50160—2008 表4.2.12	53.00

1.3.3.3 厂内道路

依据《石油化工企业设计防火标准》（GB 50160—2008）（2018 年版）第5.2.11 条，在装置内部用道路将装置分隔成为占地面积不大于10000m² 的设备、建筑物区，装置四周均设有环形消防车道，厂区在北侧各设置一人流出入口和一物流出入口，与化工园区道路相通；厂区主要通道（中心路）宽度为8m，其他辅路为6m，各装置周围设置宽度为6m 的消防通道。道路转弯半径为12m，跨越道路管廊的净空高度为不低于5m，厂内消防车道坡度约2%，满足规范要求。

1.3.4 装置和系统单元

1.3.4.1 装置内疏散

装置内各单元间均设有贯通式道路，道路出入口不少于2 个且位于不同方位。

甲类气体和甲、乙 A 类液体设备框架平台长度超过8m 时均设置至少2 处通往地面的梯子，作为安全疏散通道。相邻的框架、平台有走桥连通，与相邻平台连通的走桥作为一个安全疏散通道，相邻安全疏散通道之间的距离均小于规范规定的50m。

各单元内在不同方位设有2处及以上的安全疏散通道，分别与其四周的消防道路相接。

1.3.4.2 装置内泵和压缩机设施

上下管架、楼板及周边其他工艺设备的位置、布置关系合理，装置内泵、压缩机之间防火间距符合《石油化工企业设计防火标准》(GB 50016—2008)(2018年版)表5.2.1的要求。

1.3.4.3 钢结构耐火保护措施

生产装置火灾危险性为甲类，装置内的承重框架、支架、装置管廊均为钢结构，且全部位于火灾爆炸区域内，依据《石油化工企业设计防火标准》(GB 50160—2008)(2018年版)第5.6.1条、第5.6.2条，对跨越装置区、罐区消防车道的钢管架、处于火灾爆炸区域内的框架、支架、管架等应覆盖耐火层的部位喷涂防火涂料进行耐火保护，耐火极限不低于2h。

1.3.5 消防设施

1.3.5.1 消防救援

依据《石油化工企业设计防火标准》(GB 50160—2008)(2018年版)第8.2.1条，大中型石油化工企业应设消防站。本企业属于中型石油化工企业，根据要求设置了企业消防站。企业消防站以大型泡沫消防车为主，配备干粉或干粉-泡沫联用车，并配备高喷车和通信指挥车。消防站配置3门遥控移动消防炮，遥控移动消防炮的流量为30L/s，企业消防站到达本项目时间约为3min。

1.3.5.2 消防水源与泵房

本项目装置及设施消防用水依托厂区原有消防水源与泵房，经核算，本项目装置全部处于厂区消防水泵房的最大保护半径1200m范围内，消防水罐储水量、泵的选型配置均满足项目需求；本项目所属企业规模属于大中型企业（原油加工能力大于或等于5000kt/a且小于10000kt/a或占地面积大于或等于1000000m² 且小于2000000m²），在计算消防用水量的基础上另外增加不小于10000m³的储存量，消防供水条件得到保障（表1-3、图1-27）。

表 1-3　消防水源与泵房主要设备表

序号	名称	规格（型号）	数量	备注
1	消防水罐	$\phi 24.00\text{m} \times 19.20\text{m}$, $V = 8000\text{m}^3$	2座	拱顶钢罐
2	电动消防水泵	$Q = 300\text{L/s}$, $H = 110\text{m}$	2台	主泵
3	柴油机消防泵	$Q = 300\text{L/s}$, $H = 110\text{m}$	2台	备用泵
4	消防稳压设备	流量10L/s，扬程100m	1套	配1台稳压罐、2台稳压泵及1台控制柜

图 1-27　消防泵房布置图

1.3.5.3　消防给水管网

在装置区周边消防道路设置 DN600 环状稳高压消防给水管网，管网工作压力为 0.7～1.2MPa。

在消防给水管网上布置 SSFT100/65-1.6 地上式消火栓 8 支，间距不大于 60m。室外消火栓配套设置钢制消防箱一组，箱内配水/雾两用水枪、衬胶消防水龙带和消防扳手等；在装置区周围人员易接近的地点布置 PS40W 固定式直流-水雾两用消防水炮 8 支，距被保护设备至少 15m 的安全距离，用于保护可燃液体设备高大构架和设备群；室外消火栓、消防水炮均设置防撞柱保护。

1.3.5.4　蒸汽灭火

装置内设置有半固定式蒸汽接头及一定数量的软管站，使可能出现的泄漏点在灭火蒸汽软管覆盖范围内。

立式设备的平台和多层框架的各层（或隔层）设有半固定式灭火蒸汽接头，设备区和操作温度超过介质自燃点的设备附近也设有半固定灭火蒸汽接头，蒸汽管道选用 HC20-1，所有这些快速接头的阀门都布置在明显、安全和方便操作的地点，各分区干管消防蒸汽管道从装置消防总管直接引出（表 1-4）。

表 1-4　蒸汽灭火布置

单元名称	安全设施名称	数量/根	所处位置
装置区	蒸汽竖管	10	框架构-201、构-202、构-203、烟道构架-1 平台边，气压机棚及各塔平台边

1.3.5.5　灭火器设置

按《石油化工企业设计防火标准》及《建筑灭火器配置设计规范》的相关要求，在装置内配置 306 具 MF/ABC8 手提式，增设适量的推车式灭火器，用于扑灭和控制初期火灾及小型火灾（图 1-28）。

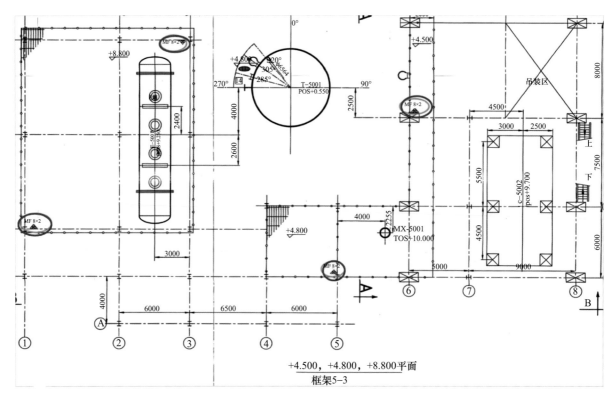

图 1-28　灭火器配置示意图（节选）

1.3.5.6　火灾自动报警系统

生产装置周边及装置平台楼梯出入口附近及辅助生产设施区域设置手动报警按钮、声光警报器、应急广播等，电缆穿管埋地接入全厂火灾自动报警系统（图 1-29）。

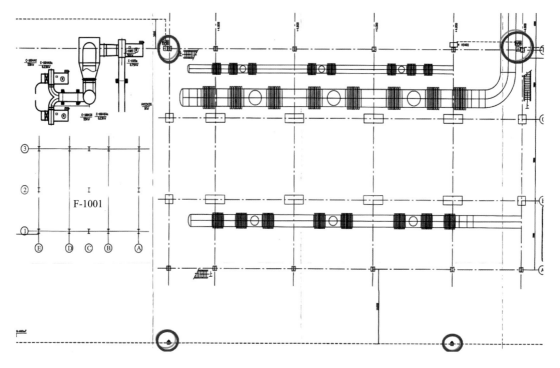

图 1-29　装置区火灾自动报警系统组件布置图

1.3.6　电气

1.3.6.1　消防电源、配电

本装置界区内的用电负荷等级绝大部分为二级负荷（丙烷脱氢制丙烯装置的反应单元、产品气压缩单元、火炬气回收单元、产品精制单元、PSA 单元、废水汽提单元等），少量为三级负荷（如普通照明）；分散控制系统（DCS）、安全仪表系统（SIS）、气体检测报警系统（GDS）、火灾报警系统电源为一级负荷中特别重要负荷；压缩机组控制系统（CCS）、消防用电等为一级负荷。

该项目厂区 2 个 35KV 总变电所，双重电源来自不同的电网，并配有柴油发电机组，供电条件满足消防用电负荷要求。

1.3.6.2　危险物料、可燃气体的泄漏检测和报警

根据现行国家标准《石油化工可燃气体和有毒气体检测报警设计标准》（GB/T 50493），在可能泄漏或聚集可燃、有毒气体的地方，分别设置可燃、有毒气体检测器，气体检测报警系统为独立的仪表系统。可燃有毒气体报警器设置有现场声光报警装置，信号传送至控制室 GDS 系统。GDS 系统采用独立的控制器和监控操作站，集中显示报警，并在中央控制室内设置声光报警器，当现场发生泄漏时第一时间通知操作人员处置。

1.3.6.3　电气设备防爆

根据现行国家标准《爆炸危险环境电力装置设计规范》（GB 50058），本项目生产装置均为 2 区爆炸危险环境，局部（密闭排放系统）为 1 区。

电气设备的防爆和防护等级按照设备所在的爆炸危险区域划分等级和火灾危险场所选择。所有爆炸危险区域的电气设备均为隔爆型或本质安全型（0 区内）产品，爆炸危险区域选用相应等级的电气设备，特别是涉氢区域严格按设计文件及规范要求选用ⅡCT4 防爆等级电气设备（图 1-30）。

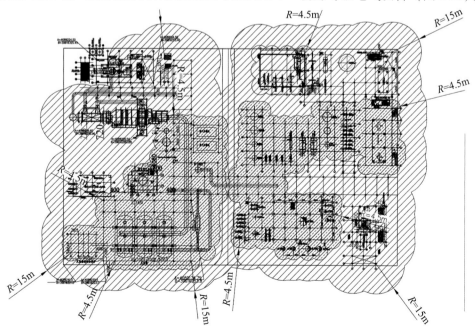

图 1-30　**爆炸危险区域划分示意图**

1.3.6.4 装置防静电积聚措施

根据《石油化工静电接地设计规范》(SH/T 3097)的要求，本工程在生产加工、储运过程中，设备、管道、操作工具及人体等都有可能产生和积聚静电而造成静电危害，可采取静电接地措施；凡是工艺易燃、易爆介质的管道均做静电接地。

根据《氢气站设计规范》(GB 50177)规定，厂区内氢气管线除按照规定进行静电接地外，所有法兰盘、阀门接头等均应采用截面面积不小于 $16mm^2$ 的铜芯软绞线跨接，并经常检查测试管道接头等的过渡电阻，接触电阻一般均在 0.03Ω 以下。

1.3.7 消防验收现场问题及处理措施

1.3.7.1 部分钢结构未采取耐火保护措施

现场问题：跨越消防车道框架未采取耐火保护措施，加热炉主要支承构件未覆盖耐火层。

处理措施：依据《石油化工企业设计防火标准》(GB 50160—2008)（2018 年版）第 5.6.2 至 5.6.5 条，加热炉从钢柱柱脚板到炉底板下表面 50mm 范围内的主要支承构件应覆盖耐火层，与炉底板连续接触的横梁不覆盖耐火层，跨越装置区、罐区消防车道的钢管架全部采用室外非膨胀型防火涂料进行耐火保护，并对喷涂厚度及喷涂质量进行严格把关（图 1-31）。

图 1-31　跨越消防车道钢结构框架涂刷防火涂料后实拍

1.3.7.2 框架平台高度超过 15m 未设置消防竖管

现场问题：工艺装置内设备为甲、乙类，构架平台高出其所处地面 15m，未沿梯子敷设半固定式消防给水竖管（图 1-32）。

处理措施：按要求进行整改，沿梯子敷设半固定式消防给水竖管，管径不小于 100mm（图 1-33）。

图 1-32　框架平台未设置消防竖管　　　　图 1-33　整改后消防竖管安装情况

1.3.7.3　可燃气体探测器设置不规范

现场问题：可燃气体探测器设置位置不符合规范要求。

处理措施：现场被监测气体的比重小于空气的比重，依据《石油化工可燃气体和有毒气体检测报警设计标准》(GB/T 50493—2019)、《危险化学品重大危险源 罐区现场安全监控装备设置规范》(AQ 3036—2010) 中第 7.3.2 条规定，当被监测气体的比重小于空气的比重时，可燃气体监测探头的安装位置应高于泄漏源 0.5m 以上，按规范要求进行整改（图 1-34）。

图 1-34　可燃气体探测器位置整改后

1.3.8　项目亮点

1.3.8.1　明确标识

依据《石油化工企业设计防火标准》(GB 50160—2008)(2018 年版)，乙烯裂解炉高度较高且占地面积较大，一旦发生火灾，扑救难度较大。本项目在乙烯裂解炉及高度超过 24m，且长度超过 50m 的可燃气体、液化烃和可燃液体设备的构架附近适当位置，设置不小于 15m×10m（含道路）的消防扑救场地。

1.3.8.2 防爆设备选型合理

涉氢区域严格按设计文件及规范要求选用本质安全型 ExiaⅡCT4 防爆等级电气设备。

1.3.8.3 防火涂料涂刷严格

严格把控钢结构防火涂料保护涂刷范围及施工质量。严格按照《石油化工企业设计防火标准》（GB 50160—2008）（2018 年版）第 5.6.1 条、5.6.2 条规定的要求进行钢结构防火保护施工。本项目设备底座、储罐支墩、室外楼梯平台处均涂刷防火涂料，钢柱底座、横梁处涂刷严密，无遗漏，细节部分处理到位（图 1-35）。

图 1-35　防火涂料涂刷细节组图

1.3.8.4 防静电跨接采取新做法

现场涉氢区域采用防静电跨接新做法。采用在法兰盘上焊接厚度不小于 4mm 的镀锌钢板，在钢板上连接截面面积 $16mm^2$ 铜绞线进行跨接的方法，既保证了法兰螺栓连接强度，又降低了螺栓松动引起泄漏的概率，同时保证了防静电跨接有效截面面积（图 1-36）。

1.3.8.5 多措施预防电气火灾

积极采用多项技术手段，预防电气火灾。所有低压配电回路设置剩余电流检测装置，部分重要低压回路线路接头处设置温度探测装置，实现电气火灾早期监控。在低压配电系统的电源侧加装一组电涌保护器，减少过电压的危害。

图 1-36　防静电跨接做法

1.4　某技术改造工程生产装置案例

1.4.1　工程概况

本改造项目依托原有生产项目装置，在主体工程 25 万吨/年脱芳烃溶剂油生产装置上新增分馏塔 3 台、汽提塔 1 台、换热器及配套机泵、塔内件等设备，对 1#、2#分离塔进行技术改造增加 5 条侧线，新增产品储罐 34 个及配套基础设施，新增 5#白油原料储存设施依托原有储罐。无新征用土地，不新建厂房，项目装卸车设施及配套公用工程均依托原有厂区。

1.4.2　火灾危险性分析

本项目规模为 50 万吨/年脱芳烃溶剂油加工，生产装置（Ⅰ套、Ⅱ套）、1#500m³ 液体罐区的火灾危险性为甲类，2#500m³ 液体罐区火灾危险性为乙类，3#500m³ 液体罐区的火灾危险性为丙 B 类。

1.4.3　区域规划与工厂总平面布置

1.4.3.1　区域规划

本项目北侧为园区道路，与本项目 3#500m³ 内浮顶罐区间距为 34.2m，路北为某储运有限公司，与本项目 3#500m³ 内浮顶罐区间距 100m。东侧为村庄，与本项目生产装置区（甲 B 类）间距 1795m；东北为某商务中心，与本项目 3#500m³ 内浮顶罐区间距 350m；南侧为济青铁路，与本项目生产装置区

（甲B类）间距727m；西侧为村庄，与本项目1#500m³内浮顶罐区间距730m，厂区周边环境详如图1-37所示。

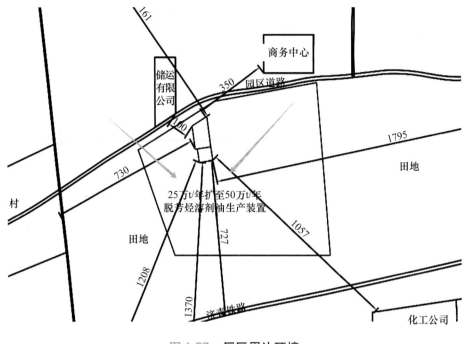

图1-37　厂区周边环境

本项目与厂外周边设施间的安全间距符合《石油化工企业设计防火标准》（GB 50160—2008）（2018年版）等规范的相关要求。

1.4.3.2　总平面布置

本项目的建筑物、设施之间的安全间距情况如表1-5所示。

表1-5　安全间距情况

项目设施名称	相对方位	周围设施名称	火灾危险性分类	防火间距/m		依据标准	结论
				设计值	标准规定值		
50万t/年脱芳烃溶剂油生产Ⅰ套装置（甲类）	东	甲类液体罐区（内浮顶 $V=3000m^3$）	甲B类	35.0	≥30	GB 50160—2008（2018年版）表4.2.12	符合
		消防道路	—	11.8	≥5	GB 50016—2014（2018年版）第7.1.8条	符合
	北	1#内浮顶罐区（$V=500m^3$）	甲B类	39.5	≥20	GB 50160—2008（2018年版）表4.2.12	符合
		消防道路	—	26.1	≥5	GB 50016—2014（2018年版）第7.1.8条	符合
	东北	丙类液体罐区（$V=1500m^3$）	丙类	55.6	≥30	GB 50160—2008（2018年版）表4.2.12	符合

续表

项目设施名称	相对方位	周围设施名称	火灾危险性分类	防火间距/m		依据标准	结论
				设计值	标准规定值		
50万 t/年脱芳烃溶剂油生产Ⅰ套装置（甲类）	西	消防道路	—	59.2	≥5	GB 50016—2014（2018年版）7.1.8	符合
	西南	焦制氢装置	甲类	158.4	≥30	GB 50160—2008（2018年版）表4.2.12	符合
		制氢控制室（机柜间）（区域性一类重要设施）		114.2	≥40	GB 50160—2008（2018年版）表4.2.12	符合
	南	140万 t/年延迟焦化装置罐组	甲B类	32.7	≥30	GB 50160—2008（2018年版）表4.2.12	符合
		消防道路	—	18.0	≥5	GB 50016—2014（2018年版）第7.1.8条	符合

各装置、设施之间的防火间距符合《石油化工企业设计防火标准》（GB 50160—2008）（2018年版）、《建筑设计防火规范》（GB 50016—2014）的要求（图1-38）。

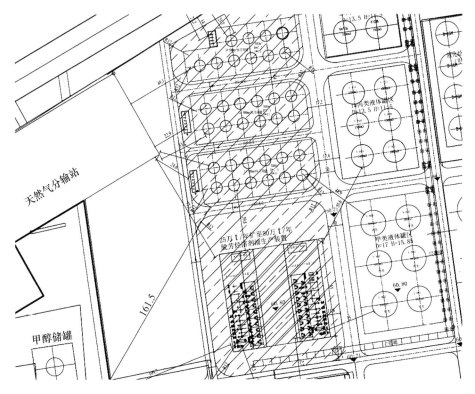

图1-38　总平面布置示意图（阴影部分为本项目）

1.4.4　安全疏散

装置单元内设备的构架或平台的安全疏散通道符合《石油化工企业设计防火标准》（GB 50160—

2008）（2018 年版）中第 5.2.26 条的要求：可燃气体、液化烃和可燃液体的塔区平台或其他设备的构架平台应设置不少于两架通往地面的梯子，作为安全疏散通道，但长度不大于 8m 的甲类气体和甲、乙 A 类液体设备的平台或长度不大于 15m 的乙 B、丙类液体设备的平台，可只设一架梯子；相邻的构架、平台宜用走桥连通，与相邻平台连通的走桥可作为一条安全疏散通道；相邻安全疏散通道之间的距离应不大于 50m。

1.4.5 装置钢结构耐火保护措施

依据《石油化工企业设计防火标准》（GB 50160—2008）（2018 年版）第 5.6.1 条规定，本项目装置内的承重框架、支架、装置管廊均为钢结构，全部位于火灾爆炸区域内，均在应覆盖耐火层的部位涂刷防火涂料，耐火极限不低于 2h，本项目采用室外水基性非膨胀型特种钢结构防火涂料 GT-WSF-Ft2.00 型防火涂料，其技术要求应满足国家规范《钢结构防火涂料》（GB 14907—2018）的相关要求，同时对跨越装置区、罐区消防车道的钢管架采取耐火保护措施。

1.4.6 消防设施

1.4.6.1 消防水源及泵房

本项目消防水源依托厂区原有 $3 \times 4000 \mathrm{m}^3$ 消防水罐及原有消防水泵房。消防泵房内配有 2 台消防稳压泵（额定流量 60L/s、额定压力 0.8MPa、功率 75kW）、2 台消防水泵（额定流量 120L/s、额定压力 1.1MPa）、2 台柴油消防泵（额定流量 120L/s、额定压力 1.1MPa），厂区消防供水系统可满足本项目消防用水的需要。

1.4.6.2 消防给水管道及消火栓、消防水炮系统

本项目两条 DN300 消防水管线在新建罐区及装置区周围布置成环状消防水管网，新建管网上布置 18 支消火栓炮一体设备。每支消火栓炮一体设备带 PS40W 消防水炮及 SS150/65 消火栓（图 1-39）。

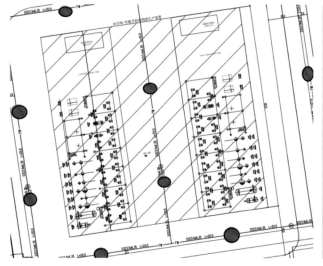

图 1-39 **消火栓炮一体设备布置图（部分）**

新设室外消火栓炮一体设备均沿工厂道路布置，距路边不大于5m，距建筑物外墙不小于5m，工艺装置区、罐区的消火栓间距不大于60m。每支消火栓炮旁边均配置1个室外消火栓箱。每支室外消火栓箱放置2m×65mm×25m消防水带、1个φ19mm直流-喷雾水枪、1个消火栓扳手。在有可能受到车辆等机械损坏的消火栓周围设置2面（或4面）防护栏。

1.4.6.3 泡沫灭火系统

装置配套罐区设置固定式泡沫灭火系统，依托厂内原有泡沫站，自新建罐区西南角原有DN150泡沫管线上引入，并在新建罐区周围均布置DN150泡沫管网，新建泡沫管网上设置10支室外泡沫消火栓，可满足本项目的泡沫灭火需求。

依据《石油化工企业设计防火标准》（GB 50160—2008）（2018年版）第8.7.2条规定，本项目甲类非水溶性可燃液体内浮顶罐，可不设固定式泡沫灭火系统，设置半固定式泡沫灭火系统，每个储罐设置2~3个立式泡沫产生器，单个泡沫产生器保护周长不大于24m，每个泡沫产生器在防火堤外距地面0.7m处设置带闷盖的管牙接口（图1-40）。

图1-40　罐区泡沫灭火系统设备实拍

厂内泡沫站位于消防水泵西侧，设有2台泡沫液储罐（普通蛋白泡沫液），储量10m³/台，泡沫液混合比例为6%；同时设有3台泡沫液泵（型号XBD6/80、$Q=80L/s$），两用一备，事故状态下打开泡沫液储罐进水阀和出液阀，开启消防水泵，水泵压力不低于0.8MPa，对装置区泡沫灭火。

1.4.6.4 火灾自动报警系统

装置区已有完善的火灾报警系统，本次改造新增防爆型手动火灾报警按钮、声光警报器、扩音对讲设备，设备安装在罐区防火堤外侧或装置区立柱上，配有防雨罩。火灾报警系统线缆均穿DN32水煤气钢管埋地敷设（表1-6）。

表1-6　火灾报警系统设置情况一览表

位置	手动报警按钮	声光警报器	短路隔离器	扩音对讲设备
脱芳烃溶剂油生产装置（Ⅰ套、Ⅱ套）	7	7	1	4
1# 500m³ 内浮顶罐区	4	4	1	1
2# 500m³ 内浮顶罐区	4	4	1	1
3# 500m³ 内浮顶罐区	5	5	1	1

1.4.7 电气

1.4.7.1 供电电源

本项目供电依托厂区原有供电系统,一路电源来自热电厂 35kV 1#配电室,另设置一台 300kW 柴油发电机组作为备用电源,设置专用柴油发电机房,以满足本项目需求。

1.4.7.2 静电接地

装置钢框架与接地体采用接地连接件(断接卡)连接,接地连接件距地面不低于 0.45m。其余所有金属设备、框架、管道、电缆保护层(铠装、钢管等)均连接到接地装置上。

1.4.8 防火封堵

管线、电缆桥架需要贯穿具有耐火性能要求的楼板和防火墙、防火隔墙等防火分隔构件、管道穿越防火堤时会形成贯穿孔口,现场采用防火封堵材料将贯穿孔口之间的空隙紧密填实。

1.4.9 消防设计环节难点、应对措施及经验借鉴

1.4.9.1 设计环节难点及应对措施

1. 难点:罐组防火间距不足

新增储罐协调布置困难,罐与防火堤的间距、储罐之间的间距不足。

本项目新增产品储罐 34 个,数量多、布置困难,储罐与防火堤间距、储罐之间的间距不能满足《石油化工企业设计防火标准》(GB 50160—2008)(2018 年版)表 6.2.8 中"罐组内相邻可燃液体地上储罐的防火间距"要求。

应对措施:将储罐设计为内浮顶储罐,依据《石油化工企业设计防火标准》(GB 50160—2008)(2018 年版)表 6.2.8 中"罐组内相邻可燃液体地上储罐的防火间距最小为 0.4D(D 为相邻较大罐的直径)",以满足防火间距需求(图 1-41、图 1-42)。

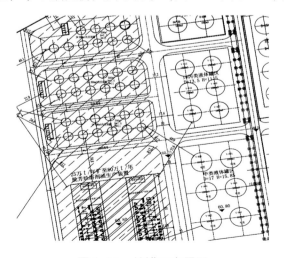

图 1-41 储罐区布置图

图 1-42 储罐现场实拍

2. 难点：安全疏散通道数量不足，设备构架平台的长度超过8m，只有1条安全疏散通道，不满足《石油化工企业设计防火标准》（GB 50160—2008）（2018年版）第5.2.26条要求。

应对措施：需要增设安全出口，新建、利用旧装置之间增设连廊，利用钢结构连廊连通装置平台，利用原有平台进行疏散，满足2个疏散通道的要求（图1-43、图1-44）。

图 1-43　疏散通道（一）（爬梯）　　　　图 1-44　疏散通道（二）（增设连廊）

3. 难点：需要增设消防给水及灭火设施

改造区域超出原有消防设施的保护范围，需要增补室外消火栓、消防炮系统，管网施工难度大。

应对措施：室外消火栓系统、消防炮采用原有稳高压系统，稳压泵、消防给水泵等均能满足改造要求。已有厂区地下管网布置较为复杂，管沟开挖及管道铺设施工难度大，本项目以室外消火栓、炮一体设备代替传统室外消火栓，用以解决消火栓数量不足、超出保护距离等问题。采用消火栓、炮一体设备，可大幅降低施工周期及工程投资。

4. 难点：泡沫液储量不足

企业原有泡沫液能满足灭火需求，但不能满足《石油化工企业设计防火标准》（GB 50160—2008）（2018年版）第8.7.6条规定的100m³。

应对措施：企业现有泡沫液储罐2座，储量共20m³，一台泡沫消防车。企业处于化学工业园区，经调研，某石化企业专职消防队距本公司2km，且现有装备、消防力量满足企业需要，具备依托条件，双方签订合作协议，企业内的泡沫液储存量与可依托的泡沫液量之和超过100m³，可满足《石油化工企业设计防火标准》（GB 50160—2008）（2018年版）第8.7.6条规定。

1.4.9.2　设计环节经验借鉴

1. 防火间距不足的背景下，合理选用内浮顶储罐，解决防火间距难题。
2. 采用室外消火栓、炮一体设备，解决超出室外消火栓保护距离、数量不足等问题。
3. 优化电缆选型及施工，消防配电线路采用耐火电缆敷设在专用的电缆桥架内，解决改造项目电缆沟开挖难度较大问题。
4. 提前与本地周边消防救援力量协调，具备依托条件，解决企业泡沫液储存量不足问题。

1.4.10 验收现场存在问题及解决措施

1. 平面布置与消防设计图纸不一致

问题：平面布置与消防设计图纸不一致，两装置之间设有临时设施，影响防火间距（图 1-45）。

解决措施：建设单位积极配合，督促施工单位拆除临时建筑（图 1-46）。

图 1-45 临时建筑影响防火间距   图 1-46 拆除影响防火间距的建筑

2. 柴油发电机组存在的问题

1）柴油发电机房储油间通风机未采用防爆设备，不符合《建筑设计防火规范》（GB 50016—2014）（2018 年版）第 9.3.4 条。

2）柴油发电机房储油间防止油品流散的设施高度不足。

3）柴油发电机房储油间未设置应急照明及火灾探测器，储油间未设置甲级防火门。

4）柴油发电机房储油间油箱缺少带阻火器的呼吸阀；不符合《建筑设计防火规范》（GB 50016—2014）（2018 年版）第 5.4.15 条。

5）柴油发电机房隔墙耐火极限不满足 2h，储油间隔墙耐火极限不满足 3h，不符合《建筑设计防火规范》（GB 50016—2014）（2018 年版）第 5.4.12 条。

应对措施：

1）柴油发电机房储油间通风机采用防爆风机。

2）在柴油发电机房储油间油箱下部设置围堰，围堰内有效容积大于最大储油量。

3）在柴油发电机房储油间设置应急照明及火灾探测报警器，储油间的门采用甲级防火门。

4）储油间的油箱设置通向室外的通气管，通气管设置带阻火器的呼吸阀。

5）严格按照结构图纸施工做法砌筑防火隔墙，满足柴油发电机房隔墙耐火极限 2h、储油间隔墙耐火极限 3h 要求。

3. 防静电跨接存在问题

问题：防静电跨接做法不规范，装置区部分管道的法兰未按照规范要求采取防静电跨接（图 1-47）。

应对措施：对少于 5 根螺栓连接的法兰盘，增设防静电跨接线（图 1-48）。

图1-47　法兰未做等电位跨接　　　　图1-48　法兰等电位跨接整改后

4. 防火封堵存在问题

问题：未进行防火、防爆封堵或施工不规范。隔墙处、电缆桥架穿越楼板、进出建筑外墙、配电柜进线处未进行防火封堵或封堵不规范，不符合《建筑防火封堵应用技术标准》（GB/T 51410—2020）相关规定。

解决措施：隔墙处、电缆桥架进出建筑处、配电柜进线处的孔隙采用防火封堵材料严密封堵。管道穿越防火堤处应采用不燃烧材料严密填实（图1-49）。

图1-49　防火封堵效果实拍

1.4.11　项目改造亮点及成效

本项目通过制定经济、合理、可行的改造技术方案，实现消防安全的前提下，节约投资，缩短工期。

1.4.11.1　充分考虑现场布局与现行规范的衔接

改造方案设计阶段立足项目现状，充分考虑现场布局与现行规范的衔接，采用内浮顶储罐、栓炮一体化设备、专用消防电缆线槽，有效解决了现场面临的消防问题，缩短施工周期，节约投资。

1.4.11.2　图纸设计阶段早期介入

图纸设计阶段早期介入，探讨疑难问题，帮助企业少走弯路。如提前调研、协调周边消防救援力量，双方签订依托协议，解决企业泡沫液储存量不足的问题。

1.4.11.3 攻关改造，挖掘装置潜能

装置改造抓住化工市场效益好的机遇，项目总投资 23945.42 万元，通过脱瓶颈改造、扩能、优化等方式，综合能耗达到国内同类装置先进水平，实现降本减费，每月提升经济效益上千万元。

1.5 某液态烃罐区及装卸设施案例

1.5.1 工程概况

本项目为某液态烃罐区及配套设施易地搬迁重建项目，主要有新建碳四罐组及泵区附属设施、丙烷罐组及泵区附属设施、汽车装卸区及附属设施。碳四罐区包含 12 座 3000m³ 储罐，其中 2 座混合丁烯罐、2 座正丁烷罐、4 座进口碳四罐、4 座进口碳四/丙烷罐。丙烷罐区包含 12 座 3000m³ 丙烷储罐。装卸车设施在原汽车装卸车设施北侧预留处新增 5 个装卸鹤位，并设置配套的压缩机区。

1.5.2 火灾危险性分类

全部罐组及装卸车设施所涉及的物料均属于易燃易爆介质，火灾危险类别均为甲类。

1.5.3 区域规划与工厂总平面布置

1.5.3.1 区域规划

本储罐区远离人口密集区、饮用水源地、重要交通枢纽等区域，并位于邻近居民区全年最小频率风向的上风侧；本项目及周边 800m 范围内无架空电力线路。储罐区与装卸区、辅助生产区及办公区分开布置。储罐区均设置防火堤防止液体流淌；周边区域地势平坦，与周边企业的防火间距满足现行《石油化工企业设计防火标准》（GB 50160—2008）（2018 年版）要求（表 1-7）。

表 1-7 本项目与相邻企业的防火间距表

项目名称	方位	相邻设施名称	实际距离/m	标准要求/m	规范名称及条款号
本项目罐组（罐外壁）	东	某环保公司（厂区围墙）	350.41	120	《石油化工企业设计防火标准》（GB 50160—2008）（2018 年版）表 4.1.9
	南	某河大道	126.84	100	《公路安全保护条例》第十八条
	西	某钢铁公司（厂区围墙）	325.57	120	《石油化工企业设计防火标准》（GB 50160—2008）（2018 年版）表 4.1.9
	北	某村庄	800.00	300	

1.5.3.2 总平面布置

罐区各建（构）筑物设施与厂内相邻设施的防火间距满足现行《石油化工企业设计防火标准》（GB 50160—2008）（2018 年版）的要求（表 1-8）。

表 1-8 各建（构）筑物设施与相邻设施的防火间距表

项目名称	方位	相邻设施名称	实际距离/m	标准要求/m	规范名称及条款号
碳四罐组 3000m³ 球罐 $D=18$m	东	预留用地	—	—	《石油化工企业设计防火标准》（GB 50160—2008）（2018 年版）表 4.2.12
	南	丙烯罐组（3000m³ 球罐，$D=18$m）	38.15	9	
	西	汽车装卸车设施（液化烃装车鹤管）	99.01	45	
	北	丙烷罐组（3000m³ 球罐，$D=18$m）	38.30	9	
丙烷罐组 3000m³ 球罐 $D=18$m	东	预留用地	—	—	
	南	碳四罐组（3000m³ 球罐，$D=18$m）	38.30	9	
	西	汽车装卸车设施（液化烃装车鹤管）	98.29	45	
	北	厂区围墙	39.95	30	
汽车装卸车设施	东	碳四罐组和丙烷罐组（3000m³ 球罐，$D=18$m）	99.01	45	
	南	10kV 变配电所（全厂二类重要设施）	54.62	30	
	西	营业值班室	147.94	30	
	北	污水提升设施（隔油池）	28.75	20	

1.5.4 结构防火

1.5.4.1 钢结构耐火保护

依据《石油化工企业设计防火标准》（GB 50160—2008）（2018 年版）第 5.6.1 条要求，跨越罐区的消防车道跨越装置区、罐区的钢管架及在爆炸危险区范围内的钢管架，采取耐火保护措施，构件的耐火极限不小于 2.0h。本项目采用室外水基性非膨胀型特种钢结构防火涂料 GT-WSF-Ft2.00，其技术要求应满足国家规范《钢结构防火涂料》（GB 14907—2018）的相关要求。

1.5.4.2 支撑结构保护

本项目考虑罐体冷却，同时保证支撑结构安全，加强对球罐支撑柱腿的要求，防止球罐柱腿在火灾时失去支撑能力会导致罐体坍塌，导致火灾扩大，项目液化烃球罐区对支撑柱腿同时采取以下2项措施进行防火保护。

1. 对液化烃球罐支腿从地面到支腿与球体交叉处以下0.2m的部位喷涂防火涂料，保证耐火极限不低于2.0h。

2. 对罐区柱腿全部设置冷却喷头进行冷却保护，一旦发生火灾持续对罐体和柱腿进行冷却喷雾，保证球罐结构安全，罐壁和柱腿水喷雾冷却系统如图1-50所示。

(a)罐区柱腿冷却喷头实拍　　　　　　　　　(b)罐壁和柱腿冷却系统实拍

图1-50　罐壁和柱腿水喷雾冷却系统

1.5.5　罐组内平面布置、疏散

1.5.5.1　罐组及泵区平面布置

储罐与防火堤之间、储罐与储罐之间、储罐与泵区之间的防火间距如表1-9所示。

表1-9　液化烃罐组内储罐的防火间距

项目名称	相邻设施名称	实际距离/m	标准要求/m	规范名称及条款号
碳四罐组 3000m³ 球罐 $D=18$m	储罐与防火堤之间	5	≥3	《石油化工企业设计防火标准》第6.3.5条
	储罐与储罐之间	$0.5D=9$	≥$0.5D$	《石油化工企业设计防火标准》第6.3.3条
	储罐与泵区之间	16	≥15	《石油化工企业设计防火标准》第5.3.5条
	防火堤高度为0.6m，内设隔堤，隔堤高0.3m			《石油化工企业设计防火标准》第6.3.5条
丙烷罐组 3000m³ 球罐 $D=18$m	储罐与防火堤之间	5	≥3	《石油化工企业设计防火标准》第6.3.5条
	储罐与储罐之间	$0.5D=9$	≥$0.5D$	《石油化工企业设计防火标准》第6.3.3条
	储罐与泵区之间	16	≥15	《石油化工企业设计防火标准》第5.3.5条
	防火堤高度为0.6m，内设隔堤，隔堤高0.3m			《石油化工企业设计防火标准》第6.3.5条

防火堤均采用钢筋混凝土结构，耐火极限3h，堤内采用现浇混凝土地面，并应坡向外侧，防火堤四面各设置内外踏步两组，堤身及基础底板的厚度300mm；受力钢筋强度由计算确定，钢筋混凝土防火堤双向双面配筋；竖向钢筋直径15mm，水平钢筋直径12mm；钢筋间距150mm

1.5.5.2 汽车装卸车设施平面布置

本单元位于已建汽车装卸车设施内，新建 5 座装卸车栈台，进口碳四设置 4 座装卸车栈台、5 个鹤位，混合丁烯设置 1 座装卸车栈台、2 个鹤位，可以双侧同时卸车。同品种物料装卸车栈台中心间距为 7m，不同品种物料装卸车栈台中心间距为 11m。低温液化烃装卸鹤位单独设置，汽车装卸车鹤位之间的距离为 4m，双侧装卸车栈台相邻鹤位之间及同一鹤位相邻鹤管之间的距离满足鹤管正常操作和检修的要求，液化烃汽车装卸栈台与可燃液体汽车装卸栈台相邻鹤位之间的距离为 8m；距装卸车鹤位 10m 以外的装卸管道上应设便于操作的紧急切断阀，装卸车场采用现浇混凝土地面，装卸车鹤位与泵的距离为 10m。

1.5.5.3 储罐区人行台阶

考虑平时工作方便和事故时能及时逃生，本项目在防火堤的不同方位上设置人行台阶。同一方位上两相邻人行台阶或坡道之间距离不大于 60m，隔堤上设置人行台阶，便于操作人员紧急逃离。

1.5.6 消防

1.5.6.1 消防车道

本项目围绕两个罐组及附属设施设置环形消防车道，车道净宽度为 9m，路面净空高度为 5.5m，坡度为 1% 左右，路面内缘转弯半径为 13.5m，储罐的中心距消防车道的距离为 100m，满足《石油化工企业设计防火标准》(GB 50160—2008)(2018 年版) 要求。

1.5.6.2 消防救援力量

本项目消防灭火依托某物流保税罐区消防站（专职消防队）及县消防救援中队。物流保税罐区消防站与本项目的距离为 1km，配置消防员 20 名。站内配有 2 辆沃尔沃 18m 高喷车、2 辆豪沃泡沫车、通信指挥车 1 辆，接到火灾报警后消防车到达现场的时间不超过 5min；消防站配置流量为 30L/s 的遥控移动消防炮 3 门。县消防救援中队与该项目的距离约为 2km，消防员 32 名。中队内配有泡沫消防车、干粉-泡沫联用车、城市主战车、72m 高喷车、奔驰水罐车各 1 辆，接到火灾报警后消防车到达现场的时间不超过 5min。

1.5.6.3 消防用水量

本项目消防用水主要考虑水喷雾冷却、分隔系统及室外消火栓同时用水，供水时间 6h，液化烃罐区消防用水量计算如表 1-10 所示。

表 1-10 液化烃罐区消防用水量计算表

序号	名称	火灾危险类别	水喷雾系统流量/（L/s）	室外消火栓流量/（L/s）	持续供水时间/h	一次灭火用水量/m³	备注
1	汽车装卸设施	甲类	390	—	6	8424	改建
2	碳四罐区及泵区		460	80	6	11664	新建
3	丙烷罐区及泵区		460	80	6	11664	新建

1.5.6.4 消防水源

1. 依托厂区原有消防水加压泵站，消防水设计流量为560L/s，供水压力为1.0MPa。消防水储备量为14000m³，消防水罐补水来自市政生活给水管网，补水能力为400m³/h。新建碳四罐组及泵区、丙烷罐组及泵区、汽车装卸车设施位于消防水加压泵站保护范围内，消防水加压泵站主要消防设施如表1-11所示。

表1-11　消防水加压泵站主要消防设施一览表

序号	设备名称	数量	泵性能	备注
1	电动消防水泵	2台	流量：280L/s，扬程：100m，功率：400kW	主泵
2	柴油机消防水泵	2台	流量：280L/s，扬程：100m，功率：448kW	备泵
3	变频稳压泵	2台	流量：20L/s，扬程：90m，功率：30kW	1用1备
4	消防水罐	2座	单罐容积：7000m³	—

2. 厂区已设置独立的稳高压消防给水管网，由消防泵站通过消防环状管网向消火栓系统、消防水炮、水喷雾灭火及冷却系统和消防车等消防设施提供消防用水。消防供水系统工作压力为0.9~1.0MPa。罐区消防水管网为DN600的管径，厂前区和汽车装卸车区域消防水管网为DN200的管径，满足项目消防用水需求。

3. 消防给水管网上设置有消火栓，间距不超过60m，罐区增设4台大流量消火栓。环状管网采用阀门分成若干独立管段，每段消火栓的数量均不超过5个。当某个环段发生事故时，消防给水管网的其余环段，应能通过100%的消防用水量（图1-51）。

图1-51　大流量消火栓

4. 厂区与北侧保税罐区之间消防给水管网已建有两条DN200带切断阀的互联互通消防管道，保税罐区消防用水储备量为8000m³，可作为本项目厂区的备用消防供水。

5. 厂区内建有16000m³事故水池，事故状态下启动消防水泵的同时，关闭雨排水总切断阀，开启事故池进水阀，消防排水及污染雨水经雨排水沟输送至事故水池储存，通过切断污染物与外部的通道，将污染物控制在厂区内，防止污染物流出厂外造成的环境污染。

1.5.6.5 罐壁和柱腿水喷雾冷却系统

碳四罐组和丙烷罐组的球罐、柱腿均设有水喷雾冷却系统，雨淋报警阀组设置在雨淋阀室内。系统具有自动控制、远程控制和手动应急机械启动 3 种控制方式。雨淋报警阀的自动控制与球罐罐体设置的火灾自动报警系统联锁，同时启动相邻储罐的雨淋报警阀。冷却水供给强度按 9L／（m² · min）设计，持续供给时间为 6h，响应时间为 120s，水雾喷头的工作压力不小于 0.2MPa。系统冷却范围包括着火罐和 3 座相邻罐，着火罐保护面积按罐体外表面面积计算，相邻罐保护面积按罐体外表面面积的 1/2 计算，固定冷却系统设置满足《石油化工企业设计防火标准》（GB 50160—2008）（2018 年版）第 8.10 节相关要求，布置详情如图 1-52 所示。

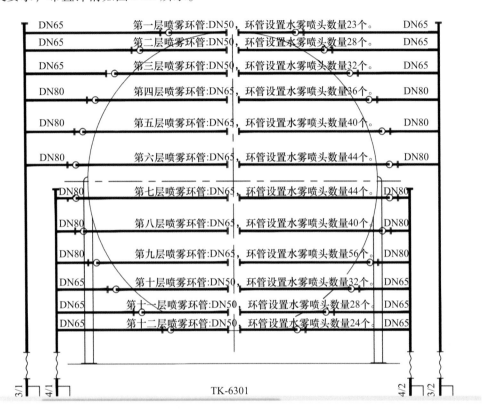

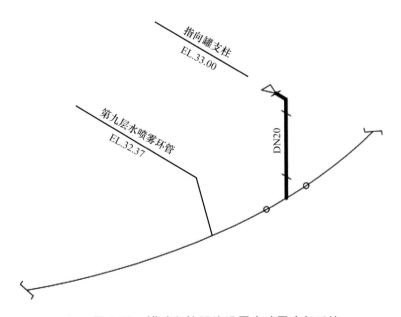

图 1-52　罐壁和柱腿均设置水喷雾冷却系统

1.5.6.6　水喷雾灭火系统

汽车装卸车设施新增 19#~23#装卸车岛及预留 24#~25#装卸车岛上方新增固定式水喷雾系统，保护面积按占地面积计算。消防冷却水供给强度按 9L/min 设计，持续供给时间为 6h，响应时间为 120s，水雾喷头的工作压力不小于 0.35MPa。

1.5.6.7　防火分隔水幕

19#装卸车岛与现有 18#装卸车岛之间设置防火分隔水幕，喷水强度按 2L/（m·min）设计，持续供给时间为 6h，水幕喷头的工作压力不小于 0.1MPa。水幕的宽度为 6m，设置 3 排水幕喷头。液化烃罐区按照规范要求设置了消防冷却水系统，并在液化烃装卸区设置水喷雾灭火系统，喷淋强度为 9L/（m²·min），及时扑救装卸车辆的火灾。同时，设置防火分隔水幕起到阻止火势蔓延的作用，喷淋强度为 2L/（m²·min），水幕宽度为 6m，布置 3 排喷头，布置详情如图 1-53 所示。

图 1-53　液化烃装卸区水喷雾灭火、分隔系统

1.5.6.8　水喷雾系统的雨淋阀组控制

系统具有自动控制、远程控制和手动应急机械启动 3 种控制方式。19#~23#装卸车区域水喷雾系统雨淋报警阀的自动控制与 19#~23#装卸车区域的火灾报警系统联锁，并启动防火分隔水幕雨淋报警阀。一期工程的 1#~18#装卸车区域水喷雾系统的自动控制程序新增的同时，启动防火分隔水幕雨淋报警阀。当发生火灾或其他需要喷淋情况时（如夏季高温），线型光纤感温火灾探测装置报警后，按

照联动逻辑控制雨淋阀组的电磁阀打开，实时防护冷却，在启动着火罐雨淋报警阀的同时，启动需要冷却的相邻储罐的雨淋报警阀（图1-54、图1-55）。

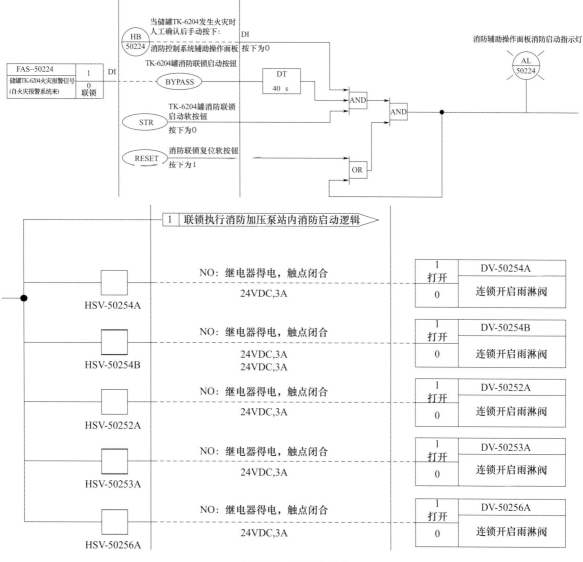

图 1-54 **控制框图**

图 1-55 **实拍水喷雾冷却系统、灭火系统的雨淋阀组控制**

1.5.6.9　灭火器配置

碳四罐组、丙烷罐组分别设置 36 具 MFZ/ABC8 型手提式干粉灭火器，严重危险级。泵区分别设置 12 具 MFZ/ABC8 型手提式干粉灭火器，严重危险级，最大保护距离为 9m。

19#～23#装卸车岛设置 20 具 MFZ/ABC8 型手提式干粉灭火器，严重危险级，并增设 2 台 MFT/ABC50 型推车式干粉灭火器。

1.5.6.10　火灾报警系统

1. 本项目罐区、报警阀室、水泵房等处的火灾自动报警系统的供电及联动控制线路均与仪表线路共用的封闭式线槽敷设，室外的消防电缆采用直埋敷设，直埋深度不低于 0.8m。

2. 罐区周边手动报警按钮部分线路及罐区与装卸设施附近的电气线路全部按照爆炸危险 2 区要求，从穿线管至手动报警按钮之间的线路采用不低于 EXd II BT4 防爆金属软管保护（图 1-56）。

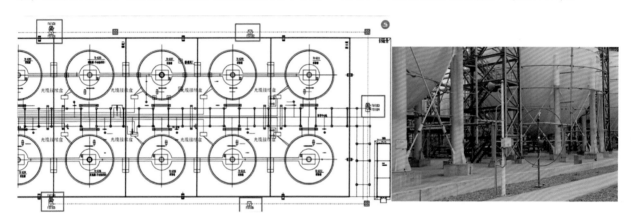

图 1-56　罐区周边手动报警按钮及声光警报设置示意图

3. 球罐罐体设置线型光纤感温探测器

每个储罐分别在上、中、下设置三层线型光纤感温火灾探测装置，通过对储罐温度实时精确测量，采用差、定温两种探测报警方式，储罐外壁温度实时传递到控制室，实现储罐火灾早期探测。当罐壁温度达到 80℃或当任意两条线型光纤感温火灾探测装置温差超过 20℃时，线型光纤感温火灾探测装置发出高温报警，联动水喷雾系统开启防护冷却，布置详情如图 1-57 所示。

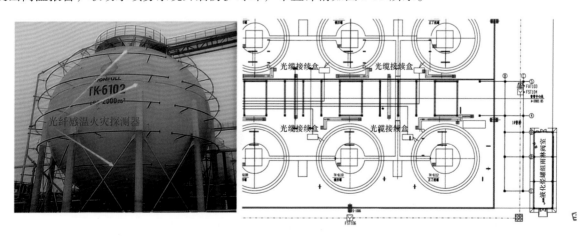

图 1-57　储罐光纤感温火灾探测器设置示意图

1.5.7　电气

1.5.7.1　用电负荷

本企业不属于大中型石油化工企业，依据《石油化工企业设计防火标准》（GB 50160—2008）（2018年版）第9.1.1条"本项目消防控制室、消防水泵房、控制室排烟机房用电负荷为二级负荷"。由10kV变配电所供电，变电所两路10kV电源分别引自石化东区35kV甲变电站10kV三、四段母线AH24、AH27备用开关柜，能够满足消防设备二级负荷供电的需求。

依据《石油化工可燃气体和有毒气体检测报警设计标准》（GB/T 50493—2019）第3.0.9条规定"可燃气体和有毒气体检测报警系统的气体探测器、报警控制单元、现场警报器等的供电负荷，应按一级用电负荷中特别重要的负荷考虑，采用UPS电源装置供电，供电时间不少于30min"。本设计两路电源来自同一座变电站的两个回路，只能满足二级负荷供电要求，无法满足一级负荷供电要求。

消防图纸审核阶段，提出上一级电源应分别取自不同的变电站或者设置柴油发电机。建设单位考虑日后扩产供电需求，更改供电方案，主电源由石化东区35kV甲变电站10kV三段母线AH 24开关柜专线供电，备用电源由公网10kV化工Ⅰ线50#杆塔T接（距离本项目2km）供电，公网热备运行，主电源失电后，公网热备用电源自动投切，火灾自动报警系统、应急照明和疏散指示系统、仪表自控系统均设有UPS不间断电源作为应急电源，可满足本项目需求。

1.5.7.2　电气设备防爆

在爆炸危险区域内，均选用防爆电气设备。本项目爆炸性混合物丙烷、丁烷、丁烯等分级、分组均为ⅡA级、T2组，爆炸危险区域划分详见爆炸危险区域划分图。爆炸危险区域内涉及的配电设备包括电机、操作柱、配电箱、灯具、接线盒等，设备防爆等级不低于ExdⅡBT4 Gb（图1-58）。

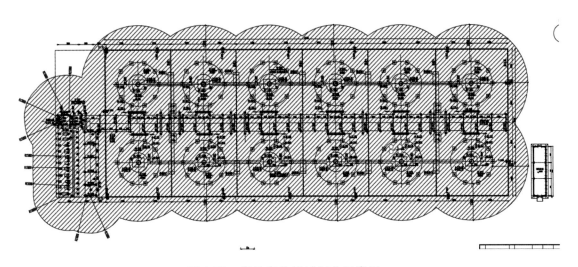

图1-58　爆炸危险区域划分示意图

1.5.7.3　防雷击、防静电积聚措施

1. 工作接地、保护接地、防雷、防静电接地共用接地网，接地电阻值满足最小值要求。

2. 接地线采用 40×4 镀锌扁钢，接地极采用 L 50×50×5 镀锌角钢。

3. 加装电涌保护器对仪表、通信、配电箱等设备进行保护。

4. 爆炸危险场所的边界、防火堤人行台阶出入口处设人体静电释放仪，消除人体静电（图 1-59）。

图 1-59　实拍防火堤人行台阶出入口人体静电释放仪

1.5.8　项目亮点、经验借鉴

本项目具有示范引领作用，设计、施工坚持"主动防火"理念，同时采用一系列技术上合理、经济上可行的措施，减少了企业火灾危险性，提高了安全生产能力，效益十分明显，为同类企业提供参考、借鉴的经验。

1.5.8.1　储罐区安全措施齐全

1. 储罐区对支撑构件采用防火涂料、水喷雾冷却系统双重保护，最大限度保证支撑构件防火安全。

2. 储罐区设置线性感温电缆实时监测储罐温度，并与水喷雾冷却系统实现联动控制，实现物理降温，防止火灾蔓延；防护冷却系统设置手动、自动、远程启动方式，保证消防设施及时启动。

3. 储罐区周边配置大流量消火栓、消防水炮等消防设施，满足火灾时火灾扑救需要。

4. 储罐区四角设置视频监控系统，作为火灾自动报警系统辅助确认火灾，及时启动消防设施。

5. 设有可燃、有毒气体浓度探测器，作为预警系统，提醒操作人员及时检查安全措施，防止火灾发生。

1.5.8.2　装卸区安全措施齐全

1. 做好与周边罐区、设施的防火间距，保证装卸鹤位之间的防火间距。

2. 设置水喷雾灭火系统，及时扑救装卸过程初期火灾。

3. 设置防火分隔水幕，限制火灾蔓延范围，减少火灾损失。

1.5.8.3 消防供水设施安全措施

1. 本项目主泵应采用电动泵，备用泵采用柴油机泵，在柴油机泵上方设置 FFX-ACT8 型悬挂式干粉灭火装置，设置高度 3.0m。柴油机泵设置单独的储油间，采用防火隔墙与消防水泵房隔离，设有 2 个容积为 0.8m³ 的油箱，2 台柴油机消防泵单独设置供油管路，并设有水喷雾灭火系统，储油间油罐着火时，水喷雾灭火系统可以实现控火、灭火，减少火灾损失，对储油间安全起到保护作用（图 1-60）。

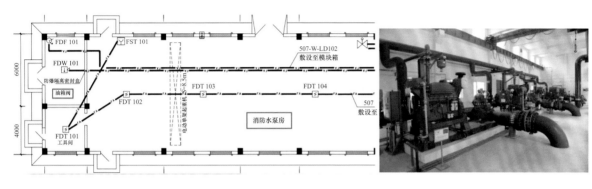

图 1-60　油箱间、水泵房布置示意图

2. 在储油间油箱上方设计水喷雾灭火系统，系统具有自动控制、远程控制和手动应急机械启动 3 种控制方式。自动控制时雨淋阀与油箱间内设置的火焰探测器和温感探测器连锁开启（图 1-61）。

3. 雨淋阀前的过滤器设置检修旁路，保证不间断供水。为防止水喷雾冷却系统水中杂质堵塞喷头影响喷雾效果，本项目报警阀前供水管路上设置提篮式过滤器，并按照规定每月进行一次排渣和完好性检查。为防止过滤器排渣、检查过程中影响供水，本项目设置了过滤器旁路供水，保障消防供水质量和可靠性（图 1-62）。

图 1-61　柴油机泵专用储油间水喷雾灭火系统

图 1-62　过滤器设置检修旁路

4. 设置大流量消火栓。本项目考虑日后逐渐扩产、增容的需求，消防系统及消防车供水能力日益提高，为适应大流量消防车供水，消火栓设置在满足常规设计的基础上，增设了一定数量的大流量消火栓，单台大流量消火栓供水能力可达到 200L/s，方便灭火及消防车取水。

1.6 某原油罐区案例

1.6.1 工程概况

本项目为 MCP 联产新型化工材料项目配套储存罐区，设 8 座 30000m³ 外浮顶储罐，分两个罐组布置，南侧罐组设置 6 座 30000m³ 外浮顶储罐，北侧罐组设置 2 座 30000m³ 外浮顶储罐；机柜间、输油泵房、油品调和设施、泡沫泵站等配套辅助设施布置于罐组东侧。

1.6.2 火灾危险性分析

本罐区储存物料属于易燃、易爆危险物质，火灾危险性为甲B类。

1.6.3 区域规划及总平面布置

1.6.3.1 区域规划

本项目位于石油化工产业园区内，项目与周边村庄、道路、企业的安全间距符合规范要求，项目与周边安全距离如表 1-12 所示。

表 1-12　项目与周边安全距离表

设施	方位	周边设施	设计间距/m	依据标准
本项目界区	东	某石化有限公司	450	GB 50160—2008 第 4.1.10 条
		辛河路	700	《公路安全保护条例》第十八条
		村庄	1150	GB 50160—2008 第 4.1.9 条
	东北	储运公司	470	GB 50160—2008 第 4.1.10 条
		某化工有限公司	880	GB 50160—2008 第 4.1.10 条
		村庄	1500	GB 50160—2008 第 4.1.9 条
	北	锻造有限公司	860	GB 50160—2008 第 4.1.10 条
		停车场	130	GB 50160—2008 第 4.1.10 条
	西北	村庄	300	GB 50160—2008 第 4.1.9 条
	西	高压线（杆高 35m）	56.4	GB 50160—2008 第 4.1.10 条
	南	济青高铁	1200	GB 50160—2008 第 4.1.10 条
	东南	村庄	100	GB 50160—2008 第 4.1.9 条

1.6.3.2 总平面布置

本工程储罐区设置在园区南北侧，分两个罐组布置，南侧罐组设置 6 座 30000m³ 外浮顶储罐，北侧罐组设置 2 座 30000m³ 外浮顶储罐；机柜间、输油泵房、油品调和设施、泡沫泵站等设施布置在罐组东侧。

罐区与公司规划储罐防火间距按照《石油化工企业设计防火标准》(GB 50160—2008)(2018 年版)第 4.2.12 条,罐区内主要建（构）筑物、设施之间规划防火间距如表 1-13 所示。

表 1-13　罐区内主要建（构）筑物、设施之间规划防火间距一览表

序号	设施名称	相对方位	周边设施名称	设计间距/m	依据标准
1	罐组一（甲）	东	泵房	27.59	GB 50160—2008 第 4.2.12 条
			区域配电房	38.68	GB 50160—2008 第 4.2.12 条注 3
		西	消防道路	22.25	—
			围墙	44.68	GB 50160—2008 第 4.2.12 条
		南	消防道路	16.28	—
		北	消防道路	16.50	—
			罐组二	37.50	GB 50160—2008 第 6.2.8 条
			末站最近设施	40.50	GB 50160—2008 第 4.2.12 条
2	罐组二（甲）	东	雨、污水提升池	35.12	GB 50160—2008 第 4.2.12 条
		东	机柜间（一类区域性重要设施）	37.63	GB 50160—2008 第 4.2.12 条注 3
		南	消防道路	18.80	—
			罐组一	37.50	GB 50160—2008 第 6.2.8 条
		东南	消防道路	15.00	—
			泵房	47.53	GB 50160—2008 第 4.2.12 条
		北	消防道路	21.70	—
			天然气计量	40.22	GB 50160—2008 第 4.2.12 条

1.6.3.3　罐组内平面布置

每个外浮顶储罐容积均为 $30000m^3$，$D=46m$，$H=19.8m$，罐组内部间距如表 1-14 所示。

表 1-14　罐组内部间距一览表

序号	储罐组名称	储罐之间间距/m	储罐与防火堤之间间距/m	依据规范
1	罐组一	19	最小 10	GB 50160—2008 第 6.2.8 条、6.2.13 条
2	罐组二	19	最小 10	

新建储罐组周边设置环形消防道路,道路宽度为 6.0m,两侧设置 1.0m 宽的人行道路,新建道路接原有化工厂区道路,道路出入口设置满足要求。

综上所述,本项目总平面布置满足《石油化工企业设计防火标准》(GB 50160)(2018 年版)及《建筑设计防火规范》(GB 50016)的要求。

1.6.3.4　防火堤、隔堤设置

罐组内储罐基础、防火堤、隔堤及管架（墩）等,均采用钢筋混凝土制作。防火堤厚度为 300mm,耐火极限不小于 5.5h,满足《石油化工企业设计防火标准》(GB 50160—2008)(2018 年版)第 6.1.1条要求。防火堤及隔堤能承受所容纳液体的静压,且不渗漏;储罐组防火堤高度为 1.5m,防火隔堤的高度为 0.5m,厚度为 200mm;管道穿堤处采用不燃烧材料严密封堵;在防火堤的不同方位上设置人行台阶或坡道;隔堤设置人行台阶。防火堤的相邻踏步、坡道、爬梯之间的距离不大于 60m,踏步均设

置护栏，防火堤设置满足《石油化工企业设计防火标准》（GB 50160—2008）（2018 年版）第 6.2.17 条，并设置符合规范要求的事故存液池。

1.6.4 消防设施

1.6.4.1 消防水源及泵房

该项目新建消防水泵房，设 2 台消防水罐（单罐规格为 $\phi 24 \times 19.2 m$，有效容积为 $8000 m^3$），泵房内 2 台电动消防泵为主泵，2 台柴油机泵作备用泵，一套消防稳压设备（配 2 台稳压泵，1 用 1 备，1 台稳压罐）；主要消防设备及建（构）筑物如表 1-15 所示。

表 1-15　主要消防设备及建（构）筑物表

序号	名称	规格（型号）	数量	备注
1	消防水罐	$\phi 24.00 m \times 19.20 m$，$V = 8000 m^3$	2 座	拱顶钢罐
2	电动消防水泵	$Q = 300 L/s$，$H = 110 m$，电机功率 560kW，电压 10kV，配自动巡检柜	2 台	主泵
3	柴油机消防泵	$Q = 300 L/s$，$H = 120 m$，柴油机功率 618kW，油箱油量满足柴油机泵连续运行 6.0h 的需求	2 台	备用泵
4	消防稳压设备	流量 10L/s，扬程 100m，电机功率 22kW；稳压罐有效容积 $2.43 m^3$，调节容积 600L	1 套	配 1 台稳压罐，2 台稳压泵及 1 台控制柜

1.6.4.2 储罐区水喷雾冷却水设计

每个储罐均设置一套固定式水喷雾喷淋冷却装置，每套水喷雾喷淋冷却装置设置 2 根 DN150 立管，立管呈对称布置。消防喷淋冷却装置将每根立管单独引至防火堤外，2 根立管合成 1 根 DN200 的管线后，与防火堤外的消防冷却水干管相连接，在防火堤外设置 1 个 DN200 的气动阀，可在消防控制室远程控制阀门，也可现场控制阀门，反馈信号远传至控制室（图 1-63）。

图 1-63　罐组防护冷却系统实拍

1.6.4.3 低倍数泡沫灭火系统

1. 泡沫消防泵站

罐区泡沫灭火系统采用固定式低倍数泡沫灭火系统，新设泡沫消防泵站 1 座，泡沫罐容积为 20m³，泡沫混合比为3%的水成膜氟蛋白泡沫液。最大泡沫混合液供给量为96L/s，泡沫系统干管为 DN200 的环状管网。该泡沫站位于 MCP 项目罐区东侧，泡沫混合液输送至最远储罐的时间不大于5min。

泡沫消防泵站配置一台电动泡沫泵、一台水轮机泵及控制柜，泡沫泵流量为5L/s，扬程≥140m，电机功率为22kW，配 1 台平衡式泡沫比例混合装置，流量50～120L/s，比例混合装置进口阀为气动球阀。整套设备可实现远程手动启、停（图1-64）。

图 1-64　**泡沫消防泵站实拍**

2. 固定式泡沫灭火系统

每罐设8根 DN100 的泡沫混合液立管，配有 8 只 PCL8 泡沫产生器，立管对称布置，每根立管单独引至防火堤外，合成 1 根 DN200 的管线后与防火堤外的泡沫混合液干管连接，在防火堤外设置 1 个 DN200 的气动阀，可在消防控制室远程控制阀门，也可现场控制阀门，反馈信号远传至控制室（图1-65）。

图 1-65　**实拍罐区泡沫灭火系统**

3. 罐组泡沫灭火系统设计参数

罐区设有 8 台 30000m³ 外浮顶罐（φ46.0m×19.8m），依据现行国家标准《泡沫灭火系统技术标准》(GB 50151)，泡沫混合液设计总流量为96L/s，泡沫混合液连续供给时间为60min，3%的水成膜氟蛋白泡沫液储量为20m³（含充满管道的泡沫液量）(表1-16)。

表1-16 储罐泡沫混合液量

储罐容积/ m³	储罐型式	固定式泡沫混合液量/ (L/s)	辅助泡沫枪的泡沫混合液流量/ (L/s)	泡沫混合液设计总流量/ (L/s)	泡沫液储量/ m³
30000	外浮顶	64	24	96	20

1.6.4.4 火灾自动报警系统

为确保站内生产安全，在原料罐区设置火灾自动报警系统，在每座油罐上设置火焰探测器和光纤光栅高温探测器，当发生火灾时自动报警；在罐区周围设置电子监视系统及手动报警按钮，一旦发生火灾也可按下手动报警按钮，将信号传送到控制室火灾报警控制器，实现报警。由人工确认火灾后，一键启动，系统按逻辑自动启动消防泵及相关阀门，对着火罐及邻近罐进行灭火和冷却保护。

1.6.4.5 灭火器设置

依据《石油化工企业设计防火标准》(GB 50160—2008)(2018年版) 及《建筑灭火器配置设计规范》(GB 50140) 相关要求，在罐区配置手提式、推车式灭火器，主要用于扑灭和控制初期火灾及小型火灾(图1-66)。

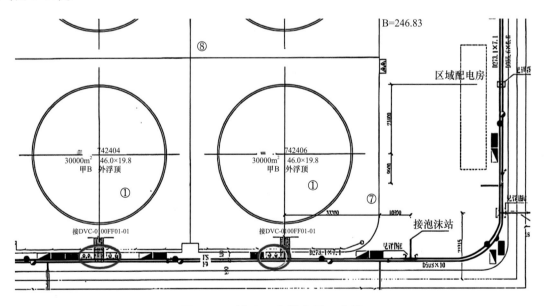

图1-66 罐区灭火器布置示意图

1.6.5 消防电气

1.6.5.1 消防用电负荷

本项目消防水泵房用电负荷按一级负荷设计，可燃气体和有毒气体检测报警系统的气体探测器、火灾自动报警系统、现场警报器等的供电负荷按一级用电负荷中特别重要的负荷考虑，其他消防用电负荷按照二级负荷考虑，本项目10kV变电站双电源来自两个不同的35kV的变电站，设置蓄电池、UPS作气体探测器、火灾自动报警系统、现场警报器等的应急电源，保证在主电源事故时持续供电时间不少于8h。

1.6.5.2 防爆、防静电

爆炸危险场所配电设备的选择严格执行现行国家标准《爆炸危险环境电力装置设计规范》（GB 50058）中的规定，所有防爆电气设备的防爆级别不低于ExdIIBT4Gb。

处于爆炸危险区域内的电器仪表，按隔爆型选型设计，防爆等级不低于ExdIIBT4，室外仪表防护等级不低于IP65，室内仪表防护等级不低于IP55。罐区防火堤内为爆炸危险2区，在爆炸危险2区内的电线、电缆无中间接头（图1-67）。

对爆炸、火灾危险场所内可能产生静电危险的设备和管道，均采取静电接地措施，进出罐区处设静电接地设施；可燃液体、装卸栈台的管道、设备、建筑物、构筑物的金属构件均做电气连接并接地（图1-68）。

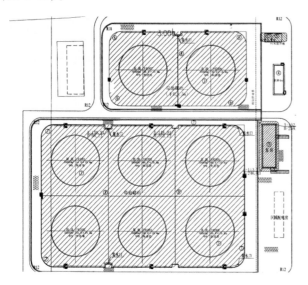

图1-67　爆炸危险区域示意图

图1-68　罐区出入口设置人体静电释放仪

1.6.6 项目设计审查环节亮点、难点及解决措施

1.6.6.1 未提供储罐区与高压架空线路距离

难点：储罐南侧设有高压架空电气线路，依据《建筑设计防火规范》（GB 50016—2014）（2018年版）第10.2.1条，35kV及以上架空电力线路单罐容积大于$200m^3$或总容积大于$1000m^3$液化石油气储罐（区）的最近水平距离不应小于40m（或杆高1.5倍）；依据《石油化工企业设计防火标准》（GB 50160—2008）（2018年版）第4.1.9条，液化烃罐组（罐外壁）与架空电力线路（中心线）1.5倍塔杆高度且不小于40m。设计图纸未提供储罐区与高压架空线路距离数据。

解决措施：与供电部门协调，了解当地电网的布置情况，确定架空电气线路的输送电压及塔杆的高度，在设计图纸中明确本项目与架空线路之间的距离要求（图1-69）。

图 1-69　储罐区与高压架空线路

1.6.6.2　未明确泡沫站与储罐的防火间距

问题：设计图纸未明确泡沫站与储罐的防火间距。

解决措施：依据《石油化工企业设计防火标准》(GB 50160—2008) 第4.2.8条，罐区泡沫站应布置在罐组防火堤外的非防爆区，与可燃液体罐的防火间距不宜小于20m。本项目在设计图纸中补充泡沫站与储罐的防火间距，施工单位按图施工（图1-70）。

图 1-70　泡沫站与储罐区

1.6.6.3　柴油机消防泵储油箱设计深度不够

难点：依据《石油化工企业设计防火标准》(GB 50160—2008)（2018年版）第8.3.8条，消防水泵的主泵应采用电动泵，备用泵应采用柴油机泵，且应按100%备用能力设置，柴油机的油料储备量应能满足机组连续运转6h的要求；柴油机的安装、布置、通风、散热等条件应满足柴油机组的要求。本项目柴油机消防泵的储油箱（油料储备）最初设计在消防水泵房内，与柴油机消防泵紧邻，未设置在独立的房间内，储油箱未做通气孔设置或通气孔直接通向消防水泵房内（图1-71）。

解决措施：审图专家鉴于石油化工行业火灾危险性大的特殊性，保证消防供水的可靠性角度，建议把柴油消防泵储油箱的防火设计按照柴油发电机储油箱的防火进行设计，经多方协调后，采用密闭油箱，通气管直接通向室外，通气管上设置带阻火器的呼吸阀，油箱下部设有围堰，防止油品流散（图1-72）。

图1-71　原柴油机泵油箱　　　　　　　　图1-72　柴油机泵油箱整改后

1.6.7　消防验收环节难点、问题及解决措施

1.6.7.1　泵房的钢梁、柱、支撑未刷防火涂料，耐火等级不符合设计要求

问题：泵房的梁、柱、支撑采用钢框架结构，未刷防火涂料，耐火等级不满足设计要求。

解决措施：建设单位对泵房的梁、柱、支撑等钢结构涂刷防火涂料，钢构件最低耐火极限为：钢梁、钢柱及柱间支撑2.0h，檩条及屋面支撑系统1.0h，建筑的耐火等级达到二级（图1-73）。

图1-73　钢结构构件防火涂料保护

1.6.7.2　罐组一、罐组二罐壁与防火堤内堤脚线的距离不满足设计要求

问题：罐组一内壁距防火堤内堤脚线的间距为8.0m，罐组二距防火堤内堤脚线间距为9.0m，不满足设计及规范要求。本项目储罐及防火堤的施工已完成，防火堤外面设有电缆桥架，整改难度大。

解决措施：依据《石油化工企业设计防火标准》（GB 50160—2008）（2018 年版）第 6.2.13 条，本工程罐组一、罐组二罐壁与防火堤内堤脚线的设计距离为 10m。根据现场实际确定整改方案，与储油罐防火间距不足的一面往外扩延足够的防火间距后，砌筑防火堤，满足设计及规范要求（图 1-74）。

图 1-74　整改后防火堤实拍

1.6.8　项目亮点及经验借鉴

1.6.8.1　储罐设置固定式冷却喷淋装置和固定式低倍数泡沫灭火系统

储罐设置固定式冷却水喷淋装置和固定式低倍数泡沫灭火系统，每座储罐喷淋支干管和泡沫支干管均设气动阀远程控制，在储罐区适当位置设置移动式泡沫灭火枪，储罐区消防管网上设置型号为 PS40 的消防炮，进一步提高整个项目的主动防火能力。

1.6.8.2　储罐设置光纤光栅感温探测器、火焰探测器实现多手段探测

依据《石油化工企业设计防火标准》（GB 50160—2008）（2018 年版）第 8.12.5 条，单罐容积大于或等于 30000m³ 的浮顶罐的密封圈处应设置火灾自动报警系统。本项目每个储罐浮盘上设置光纤光栅感温探测器进行火灾检测，储油罐顶部设置火焰探测器，实现全罐区储罐温度及火焰情况的数据采集、显示、报警功能（图 1-75）。

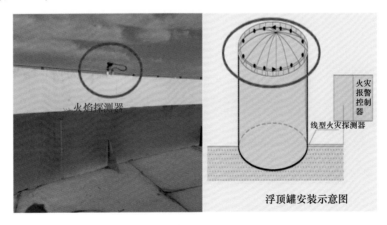

图 1-75　储油罐火灾探测器设置

1.6.8.3　火灾自动报警线路设计

储罐区属于易燃易爆区域，敷设难度大，对电气线路及设备的规格型号要求很高。采用 NH-RV-VSP 火灾报警线路能在火灾发生的情况下正常工作一定时间，报警信号性能稳定且更好地屏蔽干扰信号，防止火警发生误报的情况。

2.1 消防水泵房案例

2.1.1 项目概况

某石化项目稳高压消防供水系统的消防水泵房,地上一层,建筑高度为 9.0m,建筑面积为 464.71m²;框架结构,耐火等级二级。内设 2 台电动消防泵、2 台柴油机泵作为备用泵、2 台稳压泵。柴油机泵设置独立的储油间,与消防水泵房之间采用 3.0h 的防火隔墙进行分隔,储油间内设有 2 个 0.8m³ 的油箱,能够满足柴油机组连续运转 6h 的要求。

2.1.2 区域规划和总平面布局

2.1.2.1 区域规划

消防水泵房,按照第一类全厂性重要设施的要求核算与相邻工厂或设施的防火间距,均满足《石油化工企业设计防火标准》(GB 50160—2008)(2018 年版)表 4.1.9 规定;与同类企业的防火间距均满足《石油化工企业设计防火标准》(GB 50160—2008)(2018 年版)表 4.1.10 规定。

2.1.2.2 总平面布局

本项目储罐区与装卸区、辅助生产区及办公区分开布置。消防水泵房火灾危险性为戊类,与周围建筑物、构筑物之间防火间距符合《石油化工企业设计防火标准》(GB 50160—2008)(2018 年版)《建筑设计防火规范》(GB 50016)相关要求如表 2-1、图 2-1 所示。

表 2-1   消防水泵房与周围设施之间的防火间距

设施名称	方位	相邻建筑或设施	标准防火间距/m	实际最小间距/m	标准依据
消防水泵房 （全厂一类重要设施）	北	汽车装卸设施	40	64.50	GB 50160 表 4.2.12
	南	厂区围墙	—	40.73	GB 50160 表 4.2.12
	西	中心控制室 （全厂一类重要设施）	10	22.45	GB 50016 表 3.4.1
	东	10kV 变配电所 （全厂一类重要设施）	10	39.38	GB 50016 表 3.4.1

注：表中间距依据《石油化工企业设计防火标准》（GB 50160—2008）（2018 年版）、《建筑设计防火规范》（GB 50016—2014）（2018 年版）。

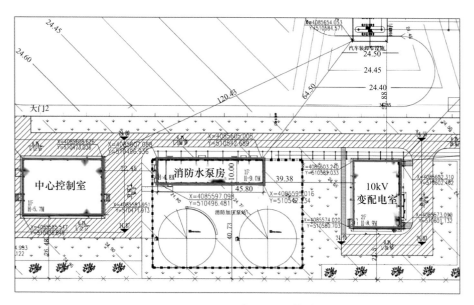

图 2-1   总平面布置图（节选）

2.1.3 建筑分类和耐火等级

消防水泵房火灾危险性为戊类，建筑高度 9.0m，单层，耐火等级一级，建筑主要构件的燃烧性能和耐火极限如表 2-2 所示，符合《建筑设计防火规范》（GB 50016—2014）（2018 年版）第 3.2.1 条及 3.2.3 条规定。

表 2-2   建筑主要构件燃烧性能和耐火极限

构件名称	规范要求耐火极限/h		选材材料	耐火极限/h
	一级	二级		
非承重外墙	不燃烧体 1.00	不燃烧体 1.00	250mm 厚蒸压加气混凝土砌块	>3.00
非承重内墙	不燃烧体 1.00	不燃烧体 1.00	200mm 厚蒸压加气混凝土砌块	>3.00
柱	不燃烧体 3.00	不燃烧体 2.50	≥400×400 钢筋混凝土柱	>3.00
梁	不燃烧体 2.00	不燃烧体 1.50	钢筋混凝土梁保护层厚度 35mm	>3.00
屋面板	不燃烧体 1.50	不燃烧体 1.00	现浇屋面板，厚度 110mm， 保护层厚度 25mm	>2.00

2.1.4 平面布置

该消防水泵房的柴油机泵设置独立的储油间，与消防水泵房之间采用 3h 的防火隔墙进行分隔，储油间内设有 2 个 0.8m³ 的油箱，能够满足柴油机组连续运转 6h 的要求。消防水泵控制柜设置在单独的消防巡检室，消防水泵控制柜防护等级 IP55，满足相关标准要求。

消防水泵房内布置依据《消防给水及消火栓系统技术规范》（GB 50974—2014）第 5.5 节，相邻两台机组及机组至墙壁间的净距均符合要求，主要通道宽度不小于 1.2m，设置了电动起重设备，电动单梁起重机起重量为 5t，跨度为 8.5m，轨道长度为 31m（图 2-2）。

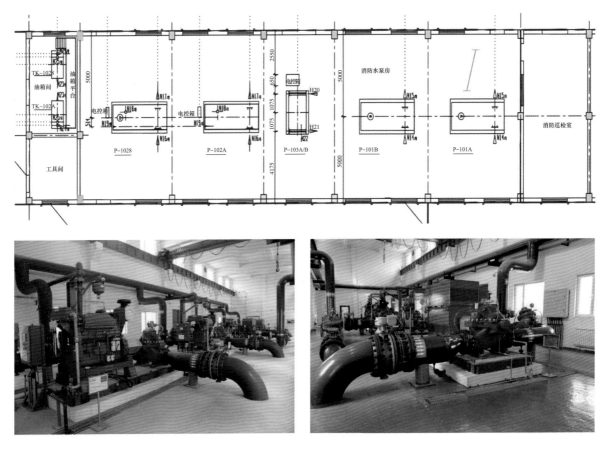

图 2-2 消防水泵房平面布置和设备布置示意图

2.1.5 防火分区和安全疏散

本消防水泵房共设一个防火分区，符合《建筑设计防火规范》（GB 50016—2014）（2018 年版）第 3.3.1 条规定。

消防水泵房在建筑北侧设有 3 个直通室外的疏散门，并设置 300mm 高的混凝土门槛作为防止被水淹的措施；储油间、消防巡检室均设有独立的疏散门，所有疏散门均采取向疏散方向开启的平开门，整个建筑疏散门数量、疏散宽度、疏散距离均满足标准要求（图 2-3）。

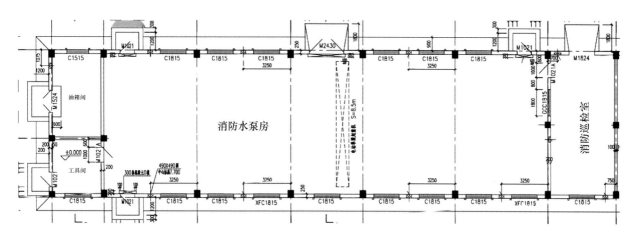

图 2-3　消防水泵房疏散示意图

2.1.6　消防救援

该消防水泵房为液化烃罐组、汽车装卸设施等设施提供消防供水，整个厂区全部设置环形消防车道。消防车道的路面宽度不小于 6m，路面内缘转弯半径不小于 12m，路面上净空高度不低于 5m；消防车道与建筑之间无妨碍消防车操作的树木、架空管线等障碍物，车道道路坡度为 2%，消防车道路面强度及下面的管道及暗沟等，可承受重型消防车的压力。

本项目无高层建筑，无须设置消防车登高作业面。

消防水泵房南侧设置 2 个消防救援窗口 XFC1815，净高及净宽均不小于 1.0m，下沿距室内地面高 0.9m，并在室内和室外设置识别的永久性明显标志。

2.1.7　建筑外墙及屋面保温

本项目外墙采用蒸压加气混凝土砌块，外墙外保温材料采用燃烧性能不低于 B_1 级阻燃型 XPS 板，符合《建筑设计防火规范》（GB 50016—2014）（2018 年版）第 6.7.5 条规定；屋面保温材料采用 70mm 厚燃烧性能不低于 B_1 级阻燃型 XPS 板，屋面与女儿墙交接处四周做 500mm 宽的岩棉防火隔离带，符合《建筑设计防火规范》（GB 50016—2014）（2018 年版）第 6.7.10 条规定。

2.1.8　建筑内部装修

建筑内部装修材料燃烧性能等级全部为 A 级，符合《建筑内部装修设计防火规范》（GB 50222－2017）第 4.0.9 条要求，建筑内部装修工程做法如表 2-3 所示。

表 2-3　建筑内部装修工程做法

编号	构造名称	适用部位	备注
地面 （燃烧性能等级为 A 级）	细石混凝土地面	所有地面	垫层厚度为 100mm

续表

编号	构造名称	适用部位	备注
内墙 （燃烧性能等级为 A 级）	白色水性耐擦洗涂料	所有内墙面	
外墙保温 （燃烧性能等级为 B₁ 级）	外墙外保温系统	所有外墙	保温层为 60mm 厚并不低于 B₁ 级阻燃型挤塑聚苯乙烯泡沫塑料板
外墙面 （燃烧性能等级为 B₁ 级）	外墙涂料	所有外墙	
踢脚 （燃烧性能等级为 A 级）	水泥砂浆踢脚	所有踢脚	高度为 150mm
顶棚 （燃烧性能等级为 A 级）	白色水性耐擦洗涂料	所有天棚	
室外配件 （燃烧性能等级为 A 级）	水泥面层坡道	室外坡道	
	水泥面层台阶	室外台阶	
	混凝土散水	沿建筑外墙周围设置	宽度为 900mm

2.1.9 消防水泵房用电及控制

该项目消防水泵房用电按照一级负荷设计，消防水泵采用 6kV 高压电动机拖动。本项目 35kV 变电所两路电源分别引自某甲变 71 开关和某乙变 21 开关，从 6kV 变配电所开关柜 2 个回路电缆放射式直埋至消防水泵房 1#、2#电动泵控制柜，保证可靠供电，符合《石油化工企业设计防火标准》（GB 50160—2008）(2018 年版) 第 9.1 节规定（图 2-4、图 2-5）。

消防水泵控制柜和电源柜与消防水泵分开设置，放置在消防巡检室，控制柜防护等级 IP55；控制柜电缆全部采用下进、下出的方式。消防水泵房按照规范要求设置了巡检柜、机械应急启泵装置，在每台消防水泵附近的操作柱上设置强制启停泵按钮，并设有保护装置，符合《消防给水及消火栓系统技术规范》（GB 50974—2014） 第 11 章相关控制要求。

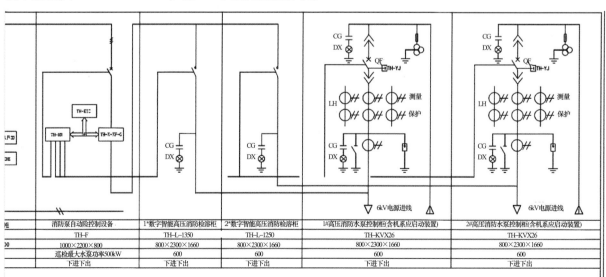

图2-4 消防水泵供电和控制

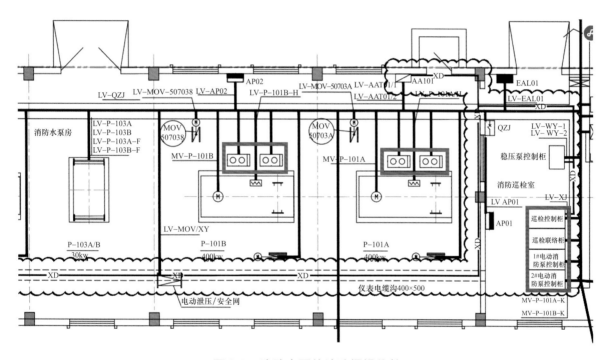

图2-5 消防水泵就地防爆操作柱

2.1.10 消防供水

2.1.10.1 消防用水量、消防水罐

该项目消防用水量最大的为液化烃罐区，罐区计算固定消防水喷雾流量为460L/s，室外消火栓系统流量为80L/s，火灾延续时间按照6.0h，一次灭火消防用水量为11664m³。本项目设置2座有效容积为7000m³的消防水罐，保证消防水储备量为14000m³。因本企业属于小型化工企业，消防用水量不需要另外增加10000m³的储存量，因此消防水罐的有效容积符合《石油化工企业设计防火标准》（GB 50160—2008）（2018年版）第8.4节规定。

消防水罐设有液位检测、高低液位报警及自动补水设施，2座消防水罐之间设有带切断阀的连通管，并在中心控制室内显示消防水泵及出口电动阀门、稳压泵的运行状态、消防水罐的液位，并对高、低液位进行报警，符合《石油化工企业设计防火标准》（GB 50160—2008）（2018年版）第8.3.2条规定（图2-6）。

图2-6　消防水罐及液位监测装置

2.1.10.2　消防水泵、稳压泵设置

1. 该项目消防用水量最大的为液化烃罐区，罐区计算固定消防水喷雾流量为460L/s，室外消火栓系统流量为80L/s，消防供水系统设计流量为560L/s，消防水加压泵站2台电动消防水泵作为主泵，单台流量为280L/s，扬程为100m，电动机功率为400kW，额定转速为1480r/min；并按照规范要求设置2台柴油机消防水泵作为备泵，流量为280L/s，扬程为100m，满足100%的备用能力；配置2台电动稳压泵，一用一备，流量为20L/s，扬程为90m，维持管网的消防水压力不小于0.7MPa。本项目消防供水系统的最大保护半径不超过1200m、保护面积不超过2000000m^2，符合《石油化工企业设计防火标准》（GB 50160—2008）（2018年版）第8.3.8条规定。

2. 消防水泵成组布置，吸水管2条，当其中1条检修时，其余吸水管应能确保吸取全部消防用水量；2条出水管与环状消防水管道连接，两连接点间设有阀门，当1条出水管检修时，其余出水管应能输送全部消防用水量；消防水泵的出水管道设有防止超压的安全设施；进水管、出水管上直径大于300mm的阀门选用电动阀门，有明显启闭标志，符合《石油化工企业设计防火标准》（GB 50160—2008）（2018年版）第8.3.5条规定。消防给水管道环状布置，满足本项目各建筑物、构筑物、罐区、生产装置区、装卸设施区消防用水需求（图2-7、图2-8）。

图2-7　消防水泵进水管、出水管设置

图 2-8　消防水泵进水管、出水管上电动阀设置

3. 平时消防水泵出水管上设有压力变送器 PT-1101A/B/C 检测管网压力，并通过压力变送器控制稳压泵、电动消防泵、柴油机泵的自动启动，信号 3 取 2。准工作状态下，消防主管网压力由变频稳压泵组维持在 0.8MPa，当管网压力达到 0.9MPa 时，停止稳压泵组；当压力低于 0.7MPa 时报警，同时开启稳压泵组；主管网压力持续 10s 低于 0.6MPa 时，控制系统发出启泵信号，启动电动消防泵、开启电动阀，发出信号保证电动泄压/安全阀处于安全工况，同时停稳压泵组；持续监测 40s 后，若压力仍低于 0.7MPa，启动柴油机消防水泵，再持续监测 40s，若压力仍低于 0.7MPa，启动另一台柴油机消防水泵，以满足两台消防水泵同时工作的供水要求（图 2-9）。

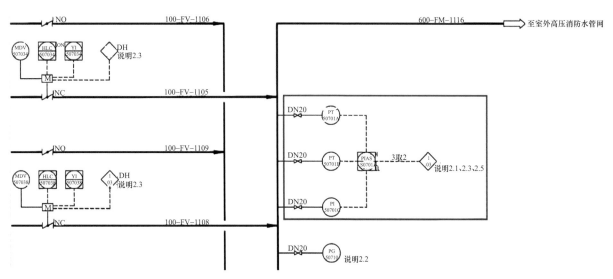

图 2-9　消防水泵压力变送器控制原理图

4. 为防止供水管网工作状态下超压，设有电动泄压阀作为安全措施。当消防用水低于消防水泵额定流量，消防给水系统工作压力升高至 1.2MPa 时，电动泄压/安全阀开启，多余出水返回消防水罐，保证消防给水系统压力低于 1.2MPa（图 2-10）。

图 2-10　防超压措施

2.1.11　消防水泵房灭火设施

2.1.11.1　灭火器

相关规范要求，消防水泵房、油箱间、消防巡检室灭火器配置不应低于中危险级。本项目设计为手提式磷酸铵盐干粉灭火器 MFZ/ABC8（图 2-11）。

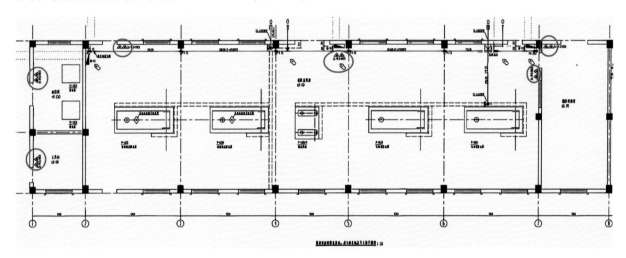

图 2-11　消防水泵房灭火器平面布置示意图

2.1.11.2　悬挂式超细干粉灭火装置

柴油机泵上方设置悬挂式超细干粉灭火装置，灭火装置采用温度控制（图 2-12）。

2.1.11.3　水喷雾灭火系统

储油间 2×800L 的油箱上方设置水喷雾灭火系统，用于扑救液体火灾。雨淋阀设置在消防水泵房，可以实现自动、就地手动、消防控制室远程控制（图2-13）。

图2-12 柴油机泵悬挂式超细干粉灭火装置

图2-13 储油间水喷雾灭火系统平面布置图

2.1.12 火灾自动报警系统

该项目消防水泵房及消防巡检室配置点型感烟火灾探测器、手动报警按钮、声光警报器、消防电话分机组成的火灾自动报警系统用于火灾探测、报警；储油间设有点型感温探测器用于火灾探测并联动启动水喷雾灭火系统（图2-14、图2-15）。

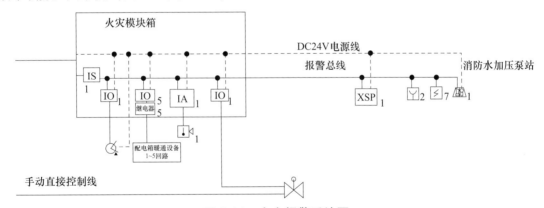

图2-14 火灾报警系统图

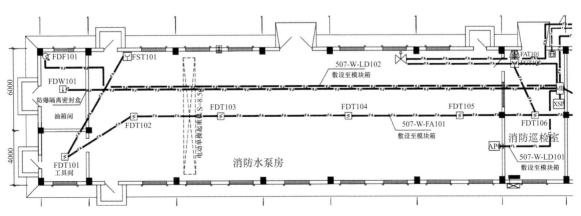

图2-15 火灾报警系统平面布置图

2.1.13　应急照明和疏散指示系统

该消防水泵房、消防巡检室及储油间均按照规范要求设置与正常照度一致的备用照明，并设有集中电源集中控制型 A 型疏散指示标志（持续型）、消防应急照明，墙壁式安装，色温≥2700K。A 集中电源应急时间不小于180min。应急照明控制器与 A 型应急照明集中电源箱通讯线路、消防应急照明及疏散指示灯具配电及控制线路采用 NH-RYJSP-2mm×2.5mm，建筑内应急照明和疏散指示系统线路穿钢管沿墙明敷（图 2-16、图 2-17）。

集中电箱 功率0.2kw 整流逆变控制模块		回路编号 AFP01-XX	用电设备容量(kW) LED灯	计算电流 (A)	电缆规格型号及截面(mm²) 保护管管径(mm)	线路敷设方式	设备编号	疏散指示标识灯数量(个)	疏散出口指示灯数量(个)	应急照明双头灯数量(个)	灯具所在位置
	5A	01	0.028	0.7	电缆 NH-RY JSP-2X2.5　DN20	油箱间内电缆穿钢管沿墙明敷 其他房间电缆穿钢管沿墙明敷	1F1	6	4	3	油箱间、工具间 消防水泵房
	5A	02	0.026	0.7	电缆 NH-RY JSP-2X2.5　DN20	电缆穿钢管沿墙暗敷	1F2	6	2	3	消防水泵房
	5A	03	0.030	0.8	电缆 NH-RY JSP-2X2.5　DN20	电缆穿钢管沿墙暗敷	1F3	6	2	4	消防巡检室、换热站
	5A	04									备用(照明)
	5A	05									备用(照明)
	5A	06									备用(照明)

<small>DC36V输出</small>

图 2-16　应急照明和疏散指示系统配线系统图

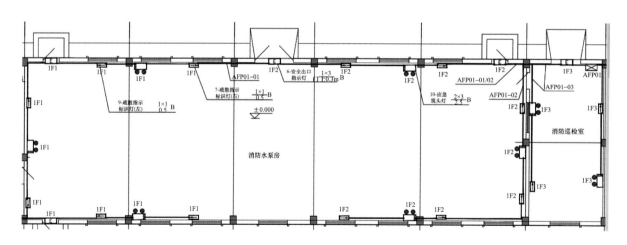

图 2-17　应急照明和疏散指示系统平面布置图

2.1.14　通风设施

消防水泵房和消防巡检室共设有 6 台边墙型排风机，单台风量为 3800m³/h，用于消防水泵房的通风，排风量满足《消防给水及消火栓系统技术规范》（GB 50974—2014）第 5.5.9 条规定；

按照《石油化工企业设计防火标准》（GB 50160—2008）（2018 年版）第 8.3.8 条规定，在柴油机泵上方设有 2 台防爆边墙式排风机用于柴油机泵通风，单台风量为 32500m³/h；储油间设有一台风量为 1500m³/h 的防爆边墙式排风机，防爆级别为 ExdⅡBT4 Gb，以上风机均直排室外，均配有防雨罩、防鸟网、重力式止回阀（图 2-18）。

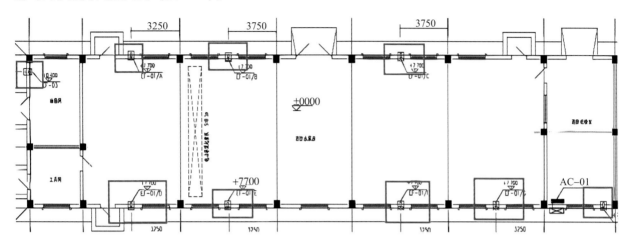

图 2-18　消防水泵房通风、空调平面示意图

2.1.15　防雷、接地

依据现行国家标准《建筑物防雷设计规范》（GB 50057），该建筑属于第三类防雷建筑，本项目按二类防雷建筑设防，各配电箱进线处设Ⅰ级浪涌保护器，满足规范要求。

正常情况下，所有不带电的电气设备的金属外壳、电缆桥架、电缆保护管等均做保护接地。相关规范要求的金属构件、金属管道以及金属门窗等就近与接地干线可靠接地。接地网在建筑四角与全厂接地网干线可靠相连，保证接地电阻不大于 4Ω（图 2-19）。

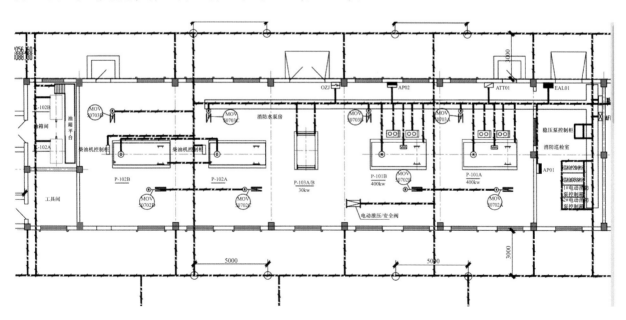

图 2-19　消防水泵房接地平面图及接地示意图

2.1.16 项目亮点和经验借鉴

2.1.16.1 按照规范要求设置柴油机泵作为备用泵

该项目消防水泵房严格按照按100%备用能力设置柴油机泵作为备用泵，柴油机的油料储备量满足机组连续运转6h的要求；柴油机的安装、布置、通风、散热等条件满足柴油机组的要求。

2.1.16.2 柴油机泵设置单独的储油间

该项目为柴油机泵设置单独的储油间，与消防水泵房之间采用3.0h的防火隔墙进行分隔，并严格控制每个油箱的储油量不超过1m³，本项目设置2个0.8m³/油箱。

2.1.16.3 防止液体流散的措施

储油间及柴油机泵处考虑液体流散的可能，储油间的排水管、沟与消防水泵房的管、沟不相通，下水道设置水封井作为隔油设施。

2.1.16.4 通气管直通室外

储油间的油箱密闭且设置通向室外的通气管，通气管设置带阻火器的呼吸阀，油箱的下部应设置防止油品流散的设施。储油间、油箱的要求在民用建筑中有明确的要求，工业建筑中规范并未明确规定储油间及油箱的设置要求。本项目参照民用建筑内储油间、油箱的设置要求，设置通气管、带阻火器的呼吸阀等安全措施，值得同类项目借鉴（图2-20）。

图2-20 储油间通气管带阻火器的呼吸阀，柴油机泵排气管

2.1.16.5 灭火设施齐全

该项目消防水泵房内设置室内消火栓、灭火器，柴油机泵上方设置悬挂式超细干粉灭火装置、储油间油箱部位设置水喷雾灭火系统实现自动灭火，极大限度保证消防水泵房及柴油机泵的安全运行。

2.1.16.6 供电安全、可靠

《石油化工企业设计防火标准》（GB 50160—2008）（2018年版）第9.1.1条要求"大中型石油化工企业消防水泵房用电应为一级负荷"。本项目为小型石油化工企业，消防设计高标准严要求，按照一级负荷供电设计，消防水泵真正实现双电源、双动力源的可靠保障模式。

2.1.16.7 消防水泵控制安全、可靠

1. 消防水泵房是石油化工企业消防供水的"心脏"，消防水泵控制柜的安全运行至关重要，因此本项目消防水泵控制柜设置在单独的消防巡检室，并按照《消防给水及消火栓系统技术规范》(GB 50974—2014) 第11.0.8条要求：消防水泵旁设置就地强制启停泵按钮（操作柱），并设有保护装置。

2.《消防给水及消火栓系统技术规范》(GB 50974—2014) 第11.0.12条规定"消防水泵控制柜应设置机械应急启泵功能，并应保证在控制柜内的控制线路发生故障时由有管理权限的人员在紧急时启动消防水泵"。机械应急启动时，应确保消防水泵在报警后5min内正常工作。多数石油化工企业稳高压供水系统中，消防水泵不能实现机械应急启泵功能，本项目消防水泵控制柜带有机械应急控制功能，带有机械应急启动装置的6kV消防水泵控制柜如图2-21所示。

图 2-21　带有机械应急启动装置的 6kV 消防水泵控制柜

3. 石油化工企业稳高压供水系统中，电动消防水泵与备用柴油机泵之间的控制关系是关键。本项目在消防水泵出水总管上设置了3个压力变送器实时监测消防供水管网的压力，并通过压力变送器控制稳压泵、电动消防泵、柴油机泵的自动启动，信号3取2，既能保证消防用水需求，又能防止误启泵。

2.1.16.8 消防供水管道地埋

消防水管除必要的管路外，其余管道均采用地埋方式，既方便石化工程消防救援时消防车通行，又可以解决管道防冻问题。

2.2 中央控制室、机柜间案例

2.2.1 项目概况

某石化工程中央控制室，建筑地上1层，建筑高度为5.7m，建筑面积为875m²，钢筋砼抗爆结构，建筑耐火等级一级，使用功能为操作间（控制室）、机柜间、UPS间、工程师站、电信间、资料室、空调机房等，火灾危险性分类按照丁类，抗震设防烈度7度。控制室（操作间）合并设置，主控室建

筑面积为 125m²，机柜间建筑面积为 123m²。

2.2.2 区域规划和总平面布局

2.2.2.1 区域规划

中央控制室（兼做消防控制室），按照第一类全厂性重要设施的要求核算与相邻工厂或设施的防火间距，均满足《石油化工企业设计防火标准》（GB 50160—2008）（2018 年版）表4.1.9 规定；与同类企业的防火间距均满足《石油化工企业设计防火标准》（GB 50160—2008）（2018 年版）表 4.1.10 规定。

2.2.2.2 总平面布局

本项目储罐区与装卸区、辅助生产区及办公区分开布置，中央控制室（兼作消防控制室）作为第一类全厂性重要设施，布置在行政管理区。中央控制室与周围建、构筑物、设施的防火间距符合现行国家标准《石油化工企业设计防火标准》（GB 50160）、《建筑设计防火规范》（GB 50016）相关要求（表2-4、图 2-22）。

表 2-4 中央控制室与周围建、构筑物、设施的防火间距

设施名称	方位	相邻建筑或设施	标准要求/m	实际最小间距/m	标准依据
中央控制室 （全厂一类重要设施）	北	汽车装卸设施	40	120.43	GB 50160 表 4.2.12
	南	厂区围墙	—	26.48	
	西	厂区围墙	—	23.54	
	东	消防水泵房 （全厂一类重要设施）	10	22.45	GB 50016 表 3.4.1

注：表中间距规范执行《石油化工企业设计防火标准》（GB 50160—2008）（2018 年版）、《建筑设计防火规范》（GB 50016—2014）（2018 年版）。

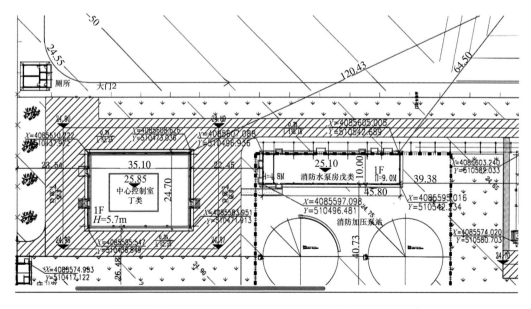

图 2-22 总平面布局示意图（蓝色框内为中心控制室）

2.2.3 建筑分类和耐火等级

中央控制室火灾危险性丁类，地上1层，建筑高度为5.7m，建筑面积为875m²，钢筋砼抗爆结构，建筑耐火等级一级，建筑主要构件的燃烧性能和耐火极限如表2-5所示，符合《建筑设计防火规范》（GB 50016—2014）（2018年版）第3.2.1条及3.2.3条规定。

表2-5　建筑主要构件的燃烧性能和耐火极限

构件名称		耐火极限/h		本建筑材料及耐火极限/h	
		一级	二级	选用的建筑材料	耐火极限/h
墙	防火墙	不燃烧体3.0	不燃烧体3.0	250mm厚加气混凝土砌块	不燃烧体>3.0
	承重墙	不燃烧体3.0	不燃烧体2.5	框架结构	—
	非承重外墙	不燃烧体1.0	不燃烧体1.0	抗爆钢筋混凝土外墙	不燃烧体>3.0
	楼梯间的墙	不燃烧体2.0	不燃烧体2.0	—	—
	疏散走道两侧隔墙	不燃烧体1.0	不燃烧体1.0	250mm厚加气混凝土砌块	不燃烧体>3.0
	房间隔墙	不燃烧体0.75	不燃烧体0.5	250mm厚加气混凝土砌块	不燃烧体>3.0
柱		不燃烧体3.0	不燃烧体2.5	现浇钢筋混凝土柱	不燃烧体>3.0
梁		不燃烧体2.0	不燃烧体1.5	现浇钢筋混凝土梁	不燃烧体>2.0
楼板		不燃烧体1.5	不燃烧体1.0	现浇钢筋混凝土楼板	不燃烧体>1.5
屋顶承重构件		不燃烧体1.5	不燃烧体1.0	现浇钢筋混凝土梁板结构	不燃烧体>1.5
疏散楼梯		不燃烧体1.5	不燃烧体1.0	—	—
吊顶		不燃烧体0.25	不燃烧体0.25	铝合金板吊顶	不燃烧体>0.25

2.2.4 平面布置

中央控制布置在全厂相对高处，布置在行政管理区，控制室、机柜间所在的建筑内未设置甲、乙类设备的房间。操作间（控制室）兼作消防控制室，疏散走道两侧墙体、所有房间隔墙均采用250mm厚加气混凝土砌块墙体，耐火极限不小于3.0h，消防控制室开向疏散走道的门采用乙级防火门；机柜间、电信间设置乙级防火门作为疏散门，配电室、UPS室、排烟机房的门均采用甲级防火门，满足《建筑设计防火规范》（GB 50016—2014）（2018年版）第6.2.7条规定（图2-23）。

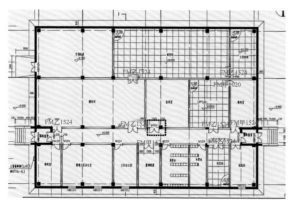

图 2-23 建筑平面布置及疏散示意图

2.2.5 防火分区和安全疏散

本项目面积为 875m²，设 1 个防火分区，设 2 个直通室外的安全出口，符合《建筑设计防火规范》（GB 50016—2014）（2018 年版）第 3.3.1 条规定。安全出口净宽度为 1.5m，疏散走道净宽度为 2.0m，符合《建筑设计防火规范》（GB 50016—2014）（2018 年版）第 3.7.5 条规定。

2.2.6 消防救援

本项目周边的消防车道宽度均不小于 6m，道路上空 5.5m 范围内无遮挡，消防车道与建筑之间无妨碍消防车操作的树木、架空管线等障碍物，车道道路坡度为 2%，消防车道路面强度及下面的管道及暗沟等，可承受重型消防车的压力。本项目无高层建筑，无须设置消防车登高作业面。该建筑采用抗爆设计，无外窗，无法设置消防救援窗口，利用该建筑东西两侧的 2 个抗爆防护门 KBM1524 兼作抗爆消防救援门，尺寸设置能够满足消防救援的需要。

说明：《建筑防火通用规范》（GB 55037—2022）第 2.2.3 规定：无外窗的建筑应每层设置消防救援口。其条文说明中指出：本条规定的"无外窗的建筑"是指建筑外墙上未设置外窗或外窗开口大小不符合消防救援窗要求，包括部分楼层无外窗或全部楼层无外窗的建筑。因此，设置消防救援窗口是强制性条文，消防救援口的净高度和净宽度均不应小于 1.0m，当利用门时，净宽度不应小于 0.8m。

2.2.7 抗爆措施

本项目中央控制室所在建筑的安全出口避开北侧直接面向有爆炸危险性的装置或设备。该建筑在不同的方向（东、西）设置 2 个出口，并设置隔离前室（图 2-23）。

控制室外门、隔离前室内门选用抗爆防护门，其耐火完整性不小于 1.0h；抗爆门门扇向外开启，并设置自动闭门器，配置逃生门锁及抗爆门镜。隔离前室内、外门不具备同时开启联锁功能。

2.2.8 建筑保温和装修

本项目外墙采用钢筋混凝土，外墙外保温材料采用岩棉保温板（A 级），符合《建筑设计防火规范》（GB 50016—2014）（2018 年版）第 6.7.5 条。屋面保温材料采用阻燃型挤塑板（B1 级），配置 30

厚水泥砂浆和30厚C20混凝土覆盖层,综合燃烧性能等级为A级,符合第6.7.10条规定。

本项目内部装修材料全部采用燃烧性能为A级的不燃材料,符合《建筑内部装修设计防火规范》(GB 50222—2017)第4.0.10条要求,建筑内部装修工程做法如表2-6所示。

表2-6 建筑内部装修工程做法

项目	名称	适用范围
地面 (燃烧性能A级)	防滑地砖地面	除防静电地板房间、空调机房、风机房外的房间
	防静电架空地面	UPS室、机柜室、电信间、工程师间
	细石混凝土地面	空调机房、风机房
顶棚 (燃烧性能A级)	铝合金方板吊顶 (吊顶后净高:走廊、会议室为2.8m, 操作室为3.3m,其他为3.0m)	除空调机房、风机房、隔离前室
	涂料顶棚	空调机房、风机房、隔离前室
内墙面 (燃烧性能A级)	白色水性耐擦洗刮腻子涂料墙面	除空调机房
	矿棉装饰吸声板墙面	空调机房内墙面
踢脚线 (燃烧性能A级)	不锈钢板踢脚($H=100mm$)	设防静电地板房间
	水泥砂浆墙裙($H=1800mm$)	空调机房、风机房
	瓷砖踢脚($H=100mm$)	剩余房间

2.2.9 灭火设施配置

本项目设有室外消火栓系统和建筑灭火器。

操作室(中央控制室)、机柜间、配电室等按严重危险级,火灾种类E类配置灭火器;其他地方为中危险级。操作室、机柜间、配电室等设MT7二氧化碳灭火器,每个设置点两具,设置二氧化碳推车式灭火器MTT30六具;其他地方设MF/ABC8磷酸铵盐干粉灭火器,每个设置点两具(图2-24)。

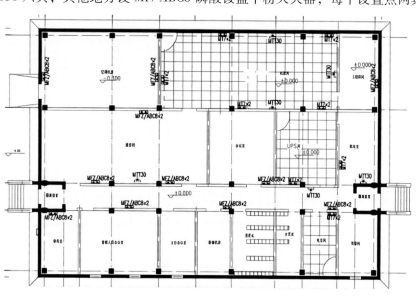

图2-24 灭火器平面布置示意图

2.2.10 消防供配电

消防设备双电源均引自 10kV 变配电所，消防配电线路出变电所后沿充砂电缆沟敷设，过墙穿钢管引入室内。由电缆桥架及电缆沟引出后穿钢管保护沿墙或吊顶敷设至各用电设备，室内电缆沟、电缆桥架穿墙处采用防火泥、防火包、防火板做防火封堵。

2.2.11 火灾自动报警系统

中央控制室设置点型感烟探测器、手动火灾报警按钮、声光警报器、消防专用电话、外线电话；机柜间、UPS 室设有线型感温探测器用于探测电缆火灾（图 2-25）。

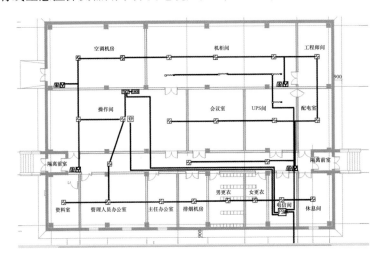

图 2-25 **火灾自动报警系统平面布置图**

2.2.12 应急照明和疏散指示系统

本项目选用集中电源集中控制型应急照明和疏散指示系统，灯具采用的 A 类灯具，疏散指示标志采用持续型。集中电源箱配电线路采用 NH 电缆，穿钢管沿墙内及顶板暗敷，集中电源箱安装高度为1.4m；安全出口灯安装在门框上 0.2m；墙壁上的疏散标志灯具安装高度为 0.5m。

2.2.13 排烟、补风、通风

2.2.13.1 机械排烟

本项目划分为 3 个防烟分区，净高分别为 3.3m、2.8m、2.8m，计算排烟量分别为 15000m³/h、15000m³/h、13000m³/h，共用一台排烟风机，风量为 40000m³/h。

2.2.13.2 机械补风

在 3 个防烟分区内共设有 3 处补风口：操作间补风口、会议室补风口，走廊补风口，共用一台补风机，风量为 20000m³/h。

2.2.13.3 新风系统

操作间、会议室设置新风净化机组进行通风换气，办公用房、休息间等房间设置新风换气机进行通风换气；新风口和排风口均设置抗爆阀、70℃防火阀（图 2-26）。

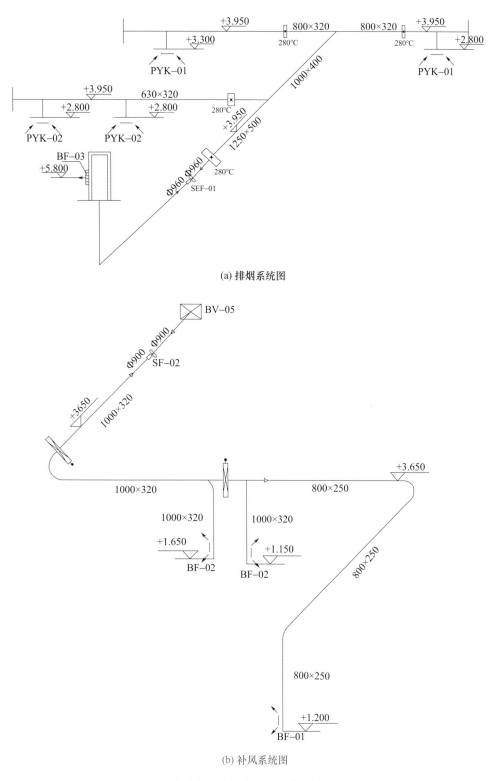

(a) 排烟系统图

(b) 补风系统图

图 2-26　**排烟系统、补风系统图**

2.2.14　接地

正常情况下，所有不带电的电气设备的金属外壳、电缆桥架、空调室外机、电缆保护管等均做保护接地，机柜间、工程师间、电信间的接地端子排设置在防静电地板下，UPS间及配电室接地端子排设置在防静电地板上，室内接地线连成一体与室外接地网相连。

中央控制室按照消防控制室的要求，控制室内电气和电子设备的金属外壳、机柜、机架和金属管、槽等采用等电位连接，由消防控制室接地板引至各消防电子设备的专用接地线选用 $6mm^2$ 铜芯绝缘导线；消防控制室接地板与建筑接地体之间，采用 $25mm^2$ 的铜芯绝缘导线连接。其他部位接地线采用—40×4镀锌扁钢，共用接地极采用∟50×50×5镀锌角钢，长2.5m，垂直打入地下，顶端距地面0.7m，接地极间距不小于5m。地下接地线间的连接采用焊接并做防腐处理，接地电阻不大于1Ω。接地线出地面后换接黄绿绝缘软铜导线；所有进出建筑物的金属管件均做可靠接地。

2.2.15　项目亮点和经验借鉴

2.2.15.1　按照第一类重要设施考虑总平面布局及防火间距

对发生火灾可能造成全厂停产或重大人身伤亡的设施，均应重点保护，即使该设施火灾危险性较小，也需要远离火灾危险性较大的场所，以确保其安全。突出对人员的保护，贯彻"以人为本"的理念，发生火灾时可能造成重大人身伤亡的第一类重要设施，要求更大的防火间距，如中央控制室等。

2.2.15.2　合理规划厂区布局

本项目中央控制室等重要设施布置在相对高处，布置在行政管理区。控制室、机柜间面向有火灾危险性设备侧的外墙为无门窗洞口、耐火极限不低于3.0h的不燃烧材料实体墙保证安全。

2.2.15.3　中央控制室抗爆设计

中央控制室、有人值守的机柜间等建筑物是重要设施，也是人员集中场所，距离火灾危险设备相对较近，为防止装置区、储罐区发生火灾、爆炸等事故时造成损害，保证中心控制室内控制系统等设施的正常运行，当一个装置发生事故时，不应影响其他装置继续安全运行或有序停车，本项目进行抗爆设计。

本项目控制室外门、隔离前室内门选用抗爆防护门，耐火完整性2.0h；抗爆门设置自动闭门器，配置逃生门锁及抗爆门镜；隔离前室内、外门应不具备同时开启联锁功能。

2.2.15.4　消防救援

因抗爆建筑的特殊要求，建筑外墙上不应设置普通的门窗、洞口，本建筑利用抗爆防护门兼作抗爆消防救援门，以满足该建筑火灾时消防救援的需求。

2.2.15.5　中央控制室同时满足消防控制室要求

1. 中央控制室兼作消防控制室，按照消防控制室的要求与其他部位之间从严分隔；单一的控制室建筑防火分隔方面无特殊要求，但与消防控制室合用后，必须满足消防控制室的防火分隔要求，控制室、机柜间用耐火极限不低于2.00h的防火隔墙和1.50h的楼板与其他部位分隔，开向建筑内的门采用乙级防火门,如图 2-23 所示。

2. 本项目设计阶段严格把控,中央控制室、消防控制室、配电室、机柜间、UPS 室、排烟机房、空调机房等部位顶棚、墙面、地面、踢脚线等装修材料均在设计做法中明确材料名称,以及燃烧性能全部为 A 级,最大限度保证控制室的安全运行。

3. 按照一级负荷中特别重要的负荷设计。按照《石油化工可燃气体和有毒气体检测报警设计标准》(GB/T 50493—2019)第 3.0.9 条规定,本项目可燃气体和有毒气体检测报警系统、火灾自动报警系统的供电按一级用电负荷中特别重要的负荷设计,除满足双重电源供电外,可燃气体和有毒气体检测报警系统、火灾自动报警系统均设有 UPS 不间断电源作为应急电源。

4. 机柜间、UPS 室设备较多,无人值守,为及时发现火灾,本项目机柜间、UPS 室设有线型感温探测器用于探测电缆火灾,建筑内其他部位设置点型感烟火灾探测器用于火灾探测。

5. 中央控制室按照消防控制室的要求,进行等电位连接和接地,保证接地电阻不大于 1Ω。

2.2.15.6　机械排烟、机械补风

因抗爆建筑的特殊要求,外墙上无法设置自然排烟窗、补风窗,因此本项目设置了机械排烟和机械补风系统,排烟风机的出风口设置在屋面,新风系统的新风口和排风口在建筑外墙处设置抗爆阀,以防止室外爆炸等因素对中心控制室的影响。

2.3　泡沫站案例

泡沫站是不含泡沫消防水泵,仅设置泡沫比例混合装置、泡沫液储罐等的场所。依据《泡沫灭火系统技术标准》(GB 50151—2021)第 7.1.7 条,固定式泡沫灭火系统的泡沫消防水泵启动至泡沫混合液或泡沫输送到保护对象的时间如果超过 5min,应在罐区防火堤外设置泡沫站。

2.3.1　泡沫站概况

某石油化工企业罐区泡沫站,地上 1 层,建筑高度为 7.85m,建筑面积为 $93.95m^2$,火灾危险类别为戊类;钢筋混凝土框架结构,耐火等级二级。泡沫站内设置有 1 套平衡式泡沫比例混合装置,含 1 座 $15m^3$ 的泡沫液储罐,2 台泡沫液泵,2 台比例混合器。

2.3.2　区域规划和总平面布局

2.3.2.1　区域规划

泡沫站与相邻工厂或设施的防火间距、与同类企业的防火间距无特别要求。

2.3.2.2　总平面布局

总平面布局时,泡沫站设置在防火堤外,位于泡沫灭火系统保护区,其他爆炸危险区域之外;泡沫站与南侧机柜间(单层丁类厂房)之间的防火间距 7.9m 不能满足规范要求的 10m,泡沫站南侧外

墙采用无门窗洞口的防火墙作为减少防火间距的措施（表2-7、图2-27）。

表2-7　泡沫站与周边建（构）筑物安全间距一览表

建构筑物名称	火灾危险类别	方位	相邻建筑物名称	建筑性质	标准间距/m	实际间距/m	执行规范
泡沫站	戊类	东	原料油储罐（7万 m³）	甲类罐区	20	30.0	GB 50160—2008（2018 版）表4.2.8
			原料油储罐（7万 m³）	甲类罐区	20	48.7	
		南	机柜间	单层丁类厂房	0	7.9	GB 50016—2014（2018 版）第3.4.1 注2
		西	石脑油储罐（1万 m³）	甲类罐区	20	27.0	GB 50160—2008（2018 版）表4.2.8
		北	罐区泵棚	甲类单层厂房	12	16.7	GB 50016—2014（2018 版）第3.4.1 条

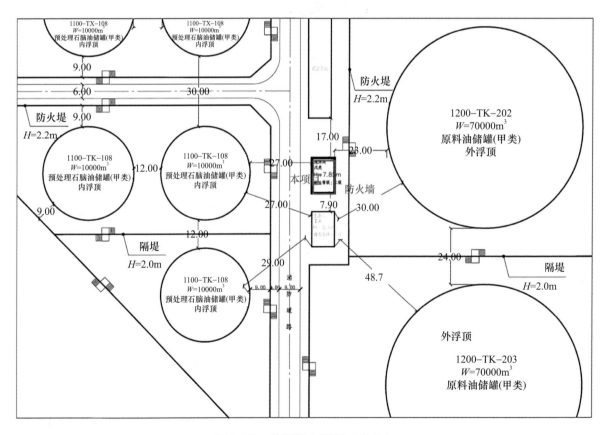

图2-27　总平面布置图（节选）

2.3.3　建筑分类和耐火等级

本泡沫站耐火等级二级，建筑主要构件的燃烧性能和耐火极限如表2-8所示。

表 2-8　建筑主要构件的燃烧性能和耐火极限一览表

构件名称	燃烧性能	耐火极限/h	结构厚度/mm	应用部位
防火墙	不燃性	≥5.5	钢筋混凝土实体墙240	承重结构
柱	不燃性	≥2.5	500×500	承重结构
梁	不燃性	≥1.5	250	承重结构
屋顶承重构件	不燃性	>1.0	120	承重结构
承重外墙	不燃性	≥3.5	钢筋混凝土实体墙为180	承重结构

2.3.4　防火分区和疏散

泡沫站建筑面积为 93.95m²，建筑耐火等级为二级，设置一个防火分区。

泡沫站建筑面积 <400m²，设置一个安全出口；疏散门向疏散方向开启，有效疏散宽度为 3.3m，满足疏散宽度要求；戊类多层工业厂房疏散距离可不限。

2.3.5　消防救援

泡沫站沿长边设置消防车道，消防道路宽度 6m，车道距离建筑外墙≥5m，消防车道与建筑之间未设置妨碍消防车操作的树木、架空管线等障碍物，消防车转弯半径 >9m，消防车道承载力按照 30t/m² 设计。

泡沫站东墙上设置 1 个消防救援窗口，同时利用建筑西墙上符合要求的疏散门作为另一个消防救援口，救援口净宽及净高均≥1m，底边距室内地面 1.2m，救援窗扇玻璃采用易碎玻璃，并在室内外设置易于识别的标识（图 2-28）。

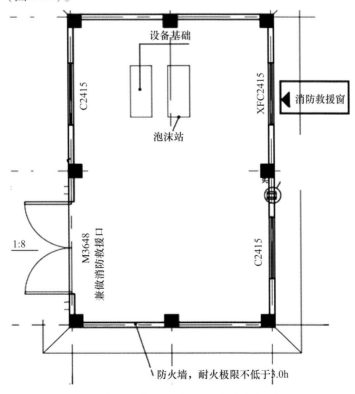

图 2-28　泡沫站设备平面布置及消防救援窗口设置图

2.3.6 建筑保温和装修

泡沫站外墙墙体材料采用自保温的蒸压加气混凝土砌块，屋面保温材料为 XPS 板，燃烧性能等级为 B1 级，屋面设置 40mm 厚细石混凝土保护层。

泡沫站装修材料：刮腻子不燃涂料顶棚 A 级、刮腻子不燃涂料墙面 A 级，细石混凝土地面 A 级。

2.3.7 消防

2.3.7.1 消防救援力量

本项目属于中型石油化工企业，设有企业消防站，以大型泡沫消防车为主，且配备干粉车；消防站配置 2 门流量为 30L/s 的遥控移动消防炮。

2.3.7.2 消防给水管道及消火栓

本项目设有稳高压消防水管网，室外消防水管网环状布置，室外消火栓采用干式地上型减压稳压室外消火栓，罐区及工艺装置区的消火栓在其四周道路边设置，消火栓的间距不超过 60m，距离消防道路 0.5～2.0m。本项目的主要装置区、罐区增设多个大流量消火栓。

泡沫站占地面积 <300m²，未设置室内消火栓系统。

2.3.7.3 泡沫站消防供水

泡沫站消防供水来自厂区现有消防加压泵站，消防加压泵站供电为一级负荷，同时厂内设置柴油机发电系统。泵站设有 2 座 10000m³ 消防水池，供水压力为 1.2MPa。设有 3 台流量 $Q=750\text{m}^3/\text{h}$、扬程 $H=120\text{m}$ 的电动消防泵，按 100% 备用能力设置 3 台柴油消防泵，柴油机的油料储备量能满足机组连续运转 6h 的要求；2 台电动消防稳压泵维持平时管网运行的压力，消防供水完全能满足泡沫站用水需求（图 2-29）。

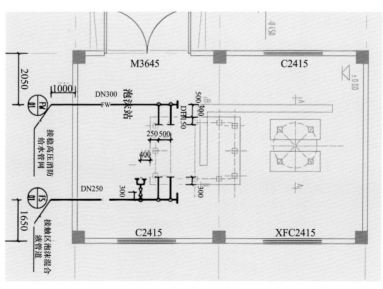

图 2-29　消防给水及泡沫混合液管道布置示意图

2.3.7.4 泡沫灭火系统

1. 本项目泡沫站泡沫系统灭火范围为原料油罐区、石脑油罐区。原料油罐区泡沫混合液用量最大。该罐区储罐的泡沫混合液供给强度为 12.5L/（min·m²），连续供给时间为 60min，单个 70000m³ 外浮顶储罐设置有 8 只 PC8 的泡沫产生器，泡沫混合液的实际用量为 64L/s，储罐区设置 3 支泡沫枪，每支流量为 480L/min，泡沫枪的总泡沫混合液用量为 24L/s，罐区总的泡沫混合液的用量为 88L/s，一次火灾最大泡沫混合液用量为 320m³，采用 3% 水成膜泡沫液，泡沫液用量为 9.6m³。

2. 泡沫站内设置有 1 套平衡式泡沫比例混合装置，含 1 座 15m³ 的泡沫液储罐，2 台泡沫液泵（$Q \geqslant$ 4.0L/s，$H = 140$m，一台电机驱动，一台水轮机驱动，一用一备），2 台流量为 120L/s 的比例混合器。泡沫混合液系统管道工作压力为 1.0MPa（图 2-30）。

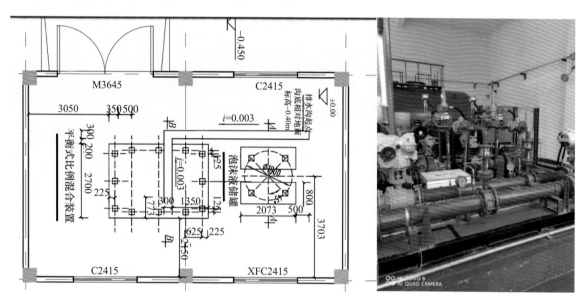

图 2-30　泡沫站设备布置图

3. 利用 ZAN-DJYPVP-0.3/0.5kV-2×3×2.5 电缆将泡沫液控制柜（G-01）的启动、停止按钮连接至消防控制室手动控制盘，实现消防控制室远程启、停控制柜（G-01）。控制柜的开、关状态信号通过模块返回至消防控制室（图 2-31）。

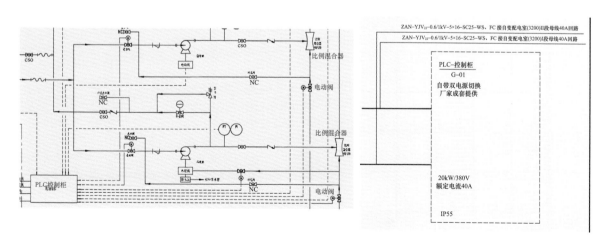

图 2-31　平衡式泡沫比例混合装置远程控制功能示意图

2.3.7.5 灭火器

本项目设置 2 具 3kg 手提式磷酸铵盐干粉灭火器，灭火器放置在安全便于取用的位置，最大保护距离为 15m。

2.3.7.6 火灾自动报警系统

泡沫站无人值守，仅设火灾探测器、手动报警按钮、声光报警装置，按照规范要求设置消防电话分机。在确认火灾后，应启动泡沫站的所有火灾声光报警器，火灾警报器声压级不应小于 60dB ，且高于背景噪声 15dB（图 2-32、图 2-33）。

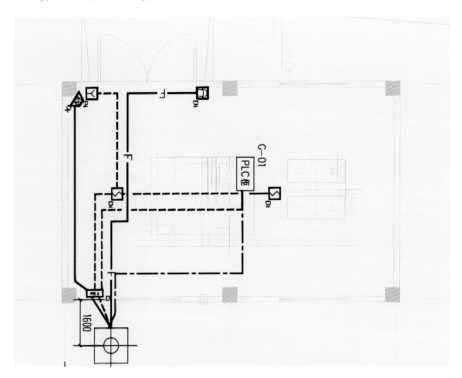

图 2-32　泡沫站火灾报警系统平面布置示意图

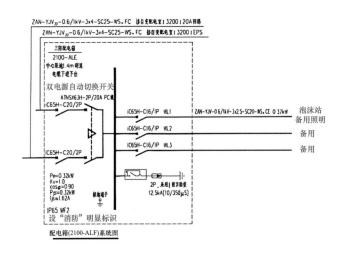

图 2-33　泡沫站供电系统图

2.3.8 泡沫站电气

2.3.8.1 消防供配电

平衡式泡沫比例混合装置控制柜（G-01）按照一级负荷供电设计，泡沫站备用照明按照二级负荷供电设计，其他用电负荷按照三级负荷供电设计。电源由变配电室引来两路独立的电源，如图 2-34 所示，采用耐火电缆敷设在专用的电缆桥架内，出桥架后穿管沿墙明敷，未与可燃液体、气体管道同架敷设。

2.3.8.2 防雷、接地及安全措施

泡沫站预计年雷击次数为 0.0181 次/年，按照第三类防雷设防，防雷装置满足防直击雷、防雷电感应及雷电波的侵入，并设置总等电位连接（图 2-34）。

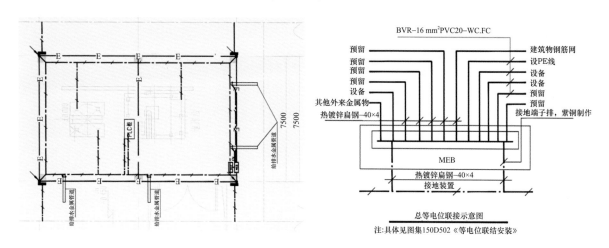

图 2-34 泡沫站防雷、等电位接地示意图

2.3.9 项目亮点和经验借鉴

2.3.9.1 平面布置考虑泡沫站的特殊要求

总平面布局时，泡沫站的位置不仅考虑建筑防火间距要求，同时结合现行国家标准《泡沫灭火系统技术标准》（GB 50151），泡沫站设置在防火堤外，设置在爆炸危险区域外，泡沫站与各甲、乙、丙类液体储罐罐壁的间距大于 20m。

2.3.9.2 设置防火墙解决防火间距不足难题

泡沫站（戊类，耐火等级二级，7.85m）与南侧机柜间（丁类，耐火等级二级，5.6m）之间的防火间距只有 7.9m，不能满足《建筑设计防火规范》（GB 50016—2014）（2018 年版）表 3.4.1 要求的不小于 10m 的要求，因此设计阶段将泡沫站南侧外墙设计为无门窗洞口的防火墙，作为解决防火间距不足的措施。

2.3.9.3 严格把控耐火等级

泡沫站是泡沫灭火系统的核心组成之一，一旦被破坏，系统将失去灭火作用，因此泡沫站的耐火等级不能按照普通戊类厂房的要求设置，本项目严格按照《泡沫灭火系统技术标准》（GB 50151—2021）第7.1.7条要求，建筑主要构件的燃烧性能和耐火极限满足耐火等级二级。

2.3.9.4 泡沫站远程控制

泡沫站无人值守，为了在发生火灾时及时启动泡沫系统灭火，本泡沫站具备远程控制功能，通过远程控制比例混合器前的电动阀，满足《泡沫灭火系统技术标准》（GB 50151—2021）第7.1.7条要求。

2.3.9.5 平衡式比例混合装置混合精度高

《泡沫灭火系统技术标准》（GB 50151—2021）第3.4.1条：单罐容量不小于5000m³的固定顶储罐、外浮顶储罐、内浮顶储罐，应选择平衡式或机械泵入式比例混合装置。本项目最大储罐70000m³的外浮顶储罐，选用平衡式比例混合装置，比例混合精度较高，适用的泡沫混合液流量范围较大（图2-35）。

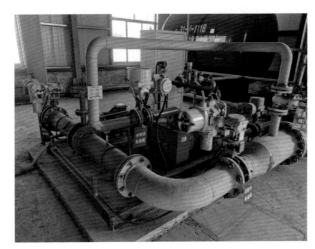

图 2-35　平衡式比例混合装置

2.3.9.6 水成膜泡沫液灭火更快

《泡沫灭火系统技术标准》（GB 50151—2021）第3.2.1条规定：非水溶性甲、乙、丙类液体储罐固定式低倍数泡沫灭火系统应选用3%型氟蛋白或水成膜泡沫液。本泡沫站泡沫系统灭火范围为原料油罐区、石脑油罐区均为非水溶性液体，设计选用3%型水成膜泡沫液，泡沫液的抗烧水平不低于C级。水成膜泡沫（AFFF）是由氟碳表面活性剂、碳氢表面活性剂及其他添加剂与水混合搅拌制成的，其灭火快于氟蛋白泡沫。

2.3.9.7 泡沫消防水泵、泡沫液泵均设置备用泵

本项目提高了供电要求，采用一级供电负荷（除双重电源外，设置了柴油发电机做应急电源）电机拖动的泡沫消防水泵做主用泵，同时设置柴油机拖动的泡沫消防水泵做备用泵，可防止消防水系统的双电源火灾时均遭破坏，导致消防系统瘫痪。

本案例主用泡沫液泵的动力源采用电动机，备用泡沫液泵的动力源应采用水轮机，工作泵故障时

能自动、手动切换到备用泵，泡沫液泵能耐受不低于10min的空载运转，以保证泡沫液泵能够顺利完成对泡沫液的输送。

2.3.9.8 泡沫混合液用量充分考虑余量

本项目外浮顶储罐泡沫混合液连续供给时间为60min，延长泡沫混合液连续供给时间是为了给登顶灭火人员以充分时间，免遭雷击，泡沫枪设计流量为480L/min，满足《泡沫灭火系统技术标准》（GB 50151—2021）不低于240L/min的要求。

《泡沫灭火系统技术标准》（GB 50151—2021）第4.1.3条规定：储罐区泡沫灭火系统扑救一次火灾的泡沫混合液设计用量，应按罐内用量、该罐辅助泡沫枪用量、管道剩余量三者之和最大的储罐确定。本案例中泡沫液计算用量为9.6m³，泡沫站内设有2座有效容积为10m³泡沫液储罐，以满足泡沫液储存量。

依据《石油化工企业设计防火标准》（GB 50160—2008）（2018年版）第8.7.6条规定：大中型石化企业泡沫液储存量应经计算确定，且不应小于100m³。当该区域有依托条件时，企业内的泡沫液储存量与可依托的泡沫液量之和不应小于100m³。本案例中，企业内的泡沫液储存量与企业消防站的泡沫液量之和超过100m³。

消防设计审验常见问题及应对措施

    鉴于石油化工工程消防审验工作人员少、专业培训不足、技术资料匮乏等情况，编者通过对部分石油化工工程建设单位、设计单位、施工单位、监理单位进行调研交流，结合大量石油化工工程案例，搜集消防设计审查、验收阶段的常见问题进行汇总、整理，依据现行相关技术标准、规范要求，按照以下6个方面消防审验常见问题及应对措施形成表格，供消防设计、审查、施工、验收等相关人员参考借鉴。

3.1 周边关系及总平面布置消防审验常见问题及应对措施(表3-1)

表3-1　周边关系及总平面布置消防审验常见问题及应对措施

序号	常见问题	应对措施
1	部分设计单位、施工单位超越资质范围从事石油化工工程的消防设计、施工，或未提供设计单位的相关资质信息	石油化工工程的消防设计、施工责任重大，严禁设计单位、施工单位超越资质范围设计、施工； 审核时应提供设计单位的设计资质证书
2	部分项目套图，未依据最新规范、技术标准进行消防设计，如2021年10月1日后设计的项目仍采用《泡沫灭火系统设计标准》(GB 50151)，未依据《泡沫灭火系统技术标准》(GB 50151)设计；2023年3月1日之后设计的项目，未依据《消防设施通用规范》(GB 55036)；2023年6月1日之后设计的项目，未依据《建筑防火通用规范》(GB 55037)设计	消防设计应依据现行的最新规范、标准
3	在项目确定周边关系防火间距时，为减少防火间距要求，盲目套用"同类企业"概念	《石油化工企业设计防火标准》(GB 50160—2008)(2018年版)第4.1.10条文说明比较清晰地界定了同类企业，"企业生产性质、管理水平、人员素质、消防设施的配备等类似，执行的防火标准相同或相近，因此在满足安全、节约用地的前提下，规定了石油化工企业与同类企业及油库的防火间距"。 设计单位应充分了解周边企业的生产性质后，确定是否属于同类企业后确定周边关系

续表

序号	常见问题	应对措施
4	全厂性重要设施、区域性重要设施界定不清，防火间距取值错误	依据《石油化工企业设计防火标准》(GB 50160—2008)(2018 年版)第 2.0.5 条、第 2.0.6 条及其条文说明，先对中央控制室、消防站、消防水泵房（站）、变配电所等重要设施进行定性，再确定防火间距
5	为减少或规避防火间距不足的问题，设计依据的规范选择错误。 石油化工企业总平面布局应按照《石油化工企业设计防火标准》(GB 50160—2008)(2018 年版)第 4.1.9 条或第 4.1.10 条确定消防水泵房与相邻工厂或同类企业的防火间距，部分项目错误采用了《精细化工企业工程设计防火标准》(GB 51283)确定防火间距，差别较大。 例如按照《石油化工企业设计防火标准》(GB 50160—2008)(2018 年版)第 4.1.9 条，消防水泵房、中央控制室（全厂性重要设施）至相邻工厂外墙应≥70m；依据《精细化工企业工程设计防火标准》(GB 51283—2020)第 4.1.5 条，消防水泵房、中央控制室（全厂性重要设施）至相邻工厂外墙应≥40m	设计人员应充分分析企业的原材料、加工工艺、生产规模等因素，确定企业性质，选用对应的设计依据
6	"周边关系图""总平面布置图"中防火间距测量起止点错误，《石油化工企业设计防火标准》(GB 50160—2008)(2018 年版)表 4.1.9 "石油化工企业与相邻工厂或设施的防火间距"至"相邻工厂（围墙或用地边界线）"，至相邻变配电站（围墙），部分设计图纸中标注为本项目至相邻工厂的厂房、仓库、储罐外壁或到变配电站的变压器外壁，导致与相邻企业防火间距小于标准值	消防审验时，防火间距应测量至相邻工厂围墙或用地边界线，或测量至相邻变配电站围墙为准
7	甲类厂房、仓库与明火或散发火花地点的防火间距测量起止点错误，例如与高架火炬之间的防火间距，应为建筑外墙至火炬筒中心之间的间距	明火地点指室内外有外露火焰、炽热表面的固定地点，如锅炉房、火炬等； 明火设备指燃烧室与大气连通，非正常情况下有火焰外露的加热设备和废气焚烧设备，主要指明火加热炉、废气焚烧炉、乙烯裂解炉等； 散发火花地点指有飞火的烟囱、室外的砂轮、电焊、气焊（割）、室外非防爆的电气开关等固定地点
8	罐区、装置区与架空电力线路之间的防火间距不能满足设计要求	依据《石油化工企业设计防火标准》(GB 50160—2008)(2018 年版)第 4.1.9 条，严格控制罐区、装置区与架空电力线路之间的防火间距
9	储罐区个别储罐的直径、容积与设计图纸不符，储罐之间及储罐与防火堤之间的防火间距不能满足设计要求； 防火堤、防火隔堤的设置高度、厚度与设计图纸不符	应严格按照设计图纸施工，保证防火间距

续表

序号	常见问题	应对措施
10	改造或扩建项目验收时防火间距不足措施未落实，如设计图纸中标注"拆除"的装置或建筑物未拆除；图纸中标注"停用"的装置、建筑物处于正常使用中；设计图纸中标注的"无门窗洞口的防火墙"，验收时墙上存在普通的门窗、洞口	应严格按照设计图纸落实防火间距不足采取的措施
11	部分设计单位，对石油化工企业的实际规模进行文字拆分，人为拆分成几个分公司、子公司，规避"大中型石化企业"概念，规避设置消防站、消防水储存量、泡沫液储存量、供电负荷等级等要求	依据《石油化工企业设计防火标准》（GB 50160—2008）（2018 年版）第 8.2.1 条文说明：石油化工企业的规模划分如下： 1）大型：原油加工能力大于或等于 10000kt/a 或占地面积大于或等于 2000000m^2； 2）中型：原油加工能力大于或等于 5000kt/a 且小于 10000kt/a 或占地面积大于或等于 1000000m^2 且小于 2000000m^2

3.2 厂房、仓库消防审验常见问题及应对措施（表 3-2）

表 3-2　厂房、仓库消防审验常见问题及应对措施

序号	常见问题	应对措施
1	同一座厂房、仓库或厂房的任一防火分区内有不同火灾危险性生产、仓储，个别项目建筑物火灾危险性定性错误	应严格按照《石油化工企业设计防火标准》（GB 50160—2008）（2018 年版）第 3 章及《建筑设计防火规范》（GB 50016—2014）（2018 年版）相关内容，综合考虑根据生产工艺、生产过程中使用的原材料以及产品及其副产品的火灾危险性及生产时的实际环境条件等情况确定
2	仓库内实际储存的物品种类与原设计有变动，可能影响到建筑层数、防火间距、自动喷水灭火系统的喷水强度、喷头流量系数等参数、灭火器配置、楼梯间形式等不能满足实际需求。 如丙类仓库变为甲类仓库，防火间距、防爆措施、设备选用均不相同； 如多层丙类 2 项仓库与丙类 1 项仓库耐火等级要求不同； 如多层丁类仓库变为丙类仓库，楼梯间形式、设施配置要求不同	因功能需要改变仓库使用功能时，应重新进行建筑防火、消防设施等设计
3	设计深度不够，钢结构建筑中，未明确指出防火墙上的框架、梁等承重结构的耐火极限不应低于防火墙的耐火极限；甲、乙类厂房及甲、乙、丙仓库防火分区之间未明确防火墙的耐火极限；甲类厂房及仓库防火分区之间采用防火卷帘或防火分隔水幕分隔，不符合规范要求	依据《建筑防火通用规范》（GB 55037—2022）明确以下要求： 4.2.6 仓库内的防火分区或库房之间应采用防火墙分隔，甲、乙类库房内的防火分区或库房之间应采用无任何开口的防火墙分隔。 6.1.3 防火墙的耐火极限不应低于 3.00h。甲、乙类厂房和甲、乙、丙类仓库内的防火墙，耐火极限不应低于 4.00h

序号	常见问题	应对措施
4	仓库通向疏散走道或楼梯的门未采用不低于乙级的防火门；2023 年 6 月 1 日后设计的项目，多层乙类仓库和地下、半地下及多、高层丙类仓库中从库房通向疏散走道或疏散楼梯间的门未采用甲级防火门	依据《建筑防火通用规范》（GB 55037—2022）第 6.4.2 条、第 6.4.3 条要求，多层乙类仓库和地下、半地下及多、高层丙类仓库中从库房通向疏散走道或疏散楼梯间的门应为甲级防火门；地下、半地下及多、高层丁类仓库中从库房通向疏散走道或疏散楼梯的门不应低于乙级防火门
5	厂房、仓库内防火门、防火窗型号不能满足设计要求，例如设计甲级防火窗，现场安装的防火窗上安装了非隔热玻璃 C1.50，达不到甲级防火窗完整性、隔热性的要求	防火门、防火窗，应满足对应的耐火极限（隔热性 + 完整性）
6	钢框架结构的甲、乙类厂房、仓库防火墙未分隔到顶或未分隔到边。仓库内防火分区之间采用防火卷帘分隔，不符合规范要求	依据《建筑防火通用规范》（GB 55037—2022）6.1.1 防火墙应直接设置在建筑的基础或具有相应耐火性能的框架、梁等承重结构上，并应从楼地面基层隔断至结构梁、楼板或屋面板的底面。防火墙与建筑外墙、屋顶相交处，防火墙上的门、窗等开口，应采取防止火灾蔓延至防火墙另一侧的措施。4.2.6 仓库内的防火分区或库房之间应采用防火墙分隔，甲、乙类库房内的防火分区或库房之间应采用无任何开口的防火墙分隔
7	防火墙两侧的门、窗、洞口之间最近边缘的距离不满足规范要求，设计的内衬墙未施工；靠外墙设置的楼梯间、前室及合用前室外墙上的窗口与两侧门、窗、洞口最近边缘的水平距离小于 1.0m，设计的内衬墙未施工	《建筑设计防火规范》（GB 50016—2014）（2018 年版）6.4.1 靠外墙设置时，楼梯间、前室及合用前室外墙上的窗口与两侧门、窗、洞口最近边缘的水平距离不应小于 1.0m。6.1.3 紧靠防火墙两侧的门、窗、洞口之间最近边缘的水平距离不应小于 2.0m；采取设置乙级防火窗等防止火灾水平蔓延的措施时，该距离不限。6.1.4 建筑内的防火墙不宜设置在转角处，确需设置时，内转角两侧墙上的门、窗、洞口之间最近边缘的水平距离不应小于 4.0m；采取设置乙级防火窗等防止火灾水平蔓延的措施时，该距离不限
8	建筑幕墙未在每层楼板外采取防火措施，幕墙与每层楼板、隔墙处的缝隙未采用防火封堵材料封堵；部分项目防火封堵施工不规范	《建筑防火通用规范》（GB 55037—2022）6.2.4 建筑幕墙应在每层楼板外沿处采取防止火灾通过幕墙空腔等构造竖向蔓延的措施

序号	常见问题	应对措施
9	仓库内因物流等使用需要开口的部位设计的防火卷帘，现场开口部位的宽度、高度超过设计的数值	《建筑设计防火规范》（GB 50016—2014）（2018年版） 3.3.2 对于丙、丁、戊类仓库，在实际使用中确因物流等使用需要开口的部位，需采用与防火墙等效的措施进行分隔，如甲级防火门、防火卷帘，开口部位的宽度一般控制在不大于6.0m，高度最好控制在4.0m以下，以保证该部位分隔的有效性
10	丙类厂房、丙丁类仓库内设置办公室、休息室，隔墙上设置的门窗未设置不低于乙级的防火门窗，未按照设计设置独立的安全出口。 部分项目验收时甲、乙类仓库内设置宿舍、办公、休息室	平面布置应符合设计要求，并满足《建筑防火通用规范》（GB 55037）、《建筑设计防火规范》（GB 50016）相关规定
11	有爆炸危险区域内的楼梯间、室外楼梯或有爆炸危险的区域与相邻区域连通处，设置的门斗未错位设置	严格按照《建筑设计防火规范》（GB 50016—2014）（2018年版）第3.6.10条设置门斗，门斗的隔墙应为耐火极限不应低于2.00h的防火隔墙，门应采用甲级防火门并应与楼梯间的门错位设置
12	部分甲乙类厂房、仓库的泄压设施的设置，未考虑避开主要交通道路	《建筑设计防火规范》（GB 50016—2014）（2018年版） 3.6.3 泄压设施的设置应避开人员密集场所和主要交通道路，并宜靠近有爆炸危险的部位
13	甲乙类厂房、仓库内考虑排水设置了地沟，采用格栅条盖板，地沟未采取防止可燃气体、可燃蒸气和粉尘、纤维在地沟积聚的有效措施；地沟在与相邻厂房连通处未采用防火材料密封	依据《建筑防火通用规范》（GB 55037—2022） 2.1.9 场所内设置地沟时，应采取措施防止可燃气体、蒸气、粉尘、纤维在地沟内积聚，并防止火灾通过地沟与相邻场所的连通处蔓延
14	散发较空气重的可燃气体、可燃蒸气的甲类厂房、仓库和有粉尘、纤维爆炸危险的乙类厂房，未明确不发火花的地面做法；采用绝缘材料做整体面层时，未明确防静电措施	依据《建筑防火通用规范》（GB 55037—2022） 2.1.9 散发较空气重的可燃气体、可燃蒸气的甲类厂房和有粉尘、纤维爆炸危险的乙类厂房，应采用不发火花的地面。采用绝缘材料做整体面层时，应采取防静电措施
15	设计为多排货架，验收现场为高架仓库，货架高度及形式与设计不符，需要重新核算自动喷水灭火系统的危险等级、喷水强度、喷头布置等技术参数； 设计货架高度不超过7.5m，验收现场测量货架储物高度大于7.5m，未设置货架内置洒水喷头； 设置自动喷水灭火系统的仓库采用钢制货架，未按照设计采用通透层板，或层板中通透部分的面积小于层板总面积的50%； 货架仓库的最大净空高度或最大储物高度超过规范规定时，未设置货架内置洒水喷头，或设置的货架内置洒水喷头不符合规范要求	严格按设计图纸施工，确实因功能需要增加货架高度时，应通过设计人员核算自动喷水灭火系统的危险等级、喷水强度、喷头布置等技术参数，依据经过审核的消防图纸施工

序号	常见问题	应对措施
16	仓库内顶板下洒水喷头与货架内置洒水喷头未分别设置水流指示器； 自动喷水灭火系统设计的减压孔板未安装	依据《自动喷水灭火系统设计规范》（GB 50084—2017） 6.3.2 仓库内顶板下洒水喷头与货架内置洒水喷头应分别设置水流指示器
17	预作用阀组的电磁阀、快速排气阀入口前的电动阀的启动和停止按钮，未设置专用线路直接连接至设置在消防控制室内的消防联动控制器的手动控制盘； 雨淋系统、水喷雾灭火系统电磁阀的启动和停止按钮，用专用线路直接连接至设置在消防控制室内的消防联动控制器的手动控制盘。 水幕系统相关控制阀组的启动、停止按钮用专用线路直接连接至设置在消防控制室内的消防联动控制器的手动控制盘	依据《火灾自动报警系统设计规范》（GB 50116—2013） 4.2.2—4.2.4 预作用阀组的电磁阀、快速排气阀入口前的电动阀，雨淋阀组的启动和停止按钮，水幕系统相关控制阀组的启动、停止按钮，用专用线路直接连接至设置在消防控制室内的消防联动控制器的手动控制盘
18	消防水泵接合器型号与设计不一致，常见设计为 SQS 地上式，或者 SQX 地下式，现场安装 SQD 多功能式；消防水泵接合器未做永久性标识	应依据经过审核的图纸采购、施工
19	石油化工企业中的仓库，尤其是甲乙类仓库、危废库较多，未将配电箱、开关、插座设置在仓库外	依据《建筑设计防火规范》（GB 50016—2014）（2018 年版） 10.2.5 要求及《仓库防火安全管理规则》（公安部令第 6 号）第五章四十一条规定将配电箱、开关、插座设置在仓库外
20	自然排烟窗设置高度、开启方式、可开启面积与设计不符；设置在高处的自然排烟窗、楼梯间设置在高处的窗户，未在 1.3～1.5m 高度处设置手动操作装置	依据经过审核的图纸施工，订货时结合建施图纸中门窗表、立面图、暖通图纸订货、安装
21	甲乙类厂房（仓库）排除有燃烧或爆炸危险气体、蒸气和粉尘的排风系统未设置导除静电的接地装置	《建筑设计防火规范》（GB 50016—2014）（2018 年版） 9.3.9 甲乙类厂房（仓库）排除有燃烧或爆炸危险气体、蒸气和粉尘的排风系统应设置导除静电的接地装置
22	净空高度超过 4.5m 的厂房、仓库，未按照规范要求选择特大型或大型标志灯	应按照《消防应急照明和疏散指示系统技术标准》（GB 51309—2018）第 3.2.1 条，室内高度大于 4.5m 的场所，应选择特大型或大型标志灯；室内高度为 3.5～4.5m 的场所，应选择大型或中型标志灯；室内高度小于 3.5m 的场所，应选择中型或小型标志灯
23	甲、乙类厂房、仓库内设置的可燃气体浓度报警装置报警后，未实现连锁启动事故通风机	可燃气体浓度报警装置报警后，应连锁启动事故通风机

续表

序号	常见问题	应对措施
24	部分项目消防救援窗口未设置可在室内外易于识别的明显标识; 部分项目灭火器配置数量、灭火级别与图纸设计不一致; 个别厂房、仓库设计的室外疏散楼梯现场未施工; 个别厂房、仓库设计的应急照明灯、可燃气体探测器未安装; 个别项目接地装置与总接地体连接点断开	应严格按经过审核的图纸施工

3.3 装置区、储罐区、装卸设施、泡沫灭火系统消防审验常见问题及应对措施（表 3-3）

表 3-3 装置区、储罐区、装卸设施、泡沫灭火系统消防审验常见问题及应对措施

序号	常见问题	应对措施
1	固定式泡沫灭火系统自泡沫消防水泵启动至泡沫混合液或泡沫输送到保护对象的时间大于 5min，个别项目未按照《泡沫灭火系统技术标准》（GB 20151）要求设置泡沫站	应依据《泡沫灭火系统技术标准》（GB 20151—2021）第 4.1.11 条要求固定式泡沫灭火系统应满足自泡沫消防水泵启动至泡沫混合液或泡沫输送到保护对象的时间不大于 5min，否则应依据《消防设施通用规范》（GB 55036—2022）第 5.0.6 条要求设置泡沫站
2	泡沫站与周围建（构）筑物防火间距不足，常见以下四种情况：（1）泡沫站靠近防火堤设置，与可燃液体储罐罐壁的水平距离小于 20m，罐区发生火灾产生的辐射热可能使泡沫站失去消防作用; （2）新建项目中，泡沫站与周围建筑物防火间距不能满足《建筑设计防火规范》（GB 50016—2014）（2018 年版）第 3.4.1 条要求，未采取防火墙等保障防火间距的措施; （3）部分项目中，因防火间距不足设置了防火墙，但防火墙上设置了普通门窗、洞口，未按照规范要求设置不可开启或火灾时能自动关闭的甲级防火门、窗; （4）改造或扩建项目中，新项目与原有项目之间防火间距不足，图纸中仅对个别建筑物标注"停用"，并非拆除，未解决防火间距不足的事实	应依据《建筑设计防火规范》（GB 50016—2014）（2018 年版）、《消防设施通用规范》（GB 55036—2022）第 5.0.6 条相关要求保证防火间距
3	装置区、罐区的室外消火栓、消防炮数量、设置位置与设计图纸不一致; 大型石化企业的主要装置区、罐区，设计图纸中的大流量消火栓，现场安装为普通室外消火栓	结合室外管网图纸、平面布置图施工。 依据《消防设施通用规范》（GB 55036—2022）7.0.4 消防炮应设置在被保护场所常年主导风向的上风侧

序号	常见问题	应对措施
4	罐区模拟火灾测试，防护冷却系统压力不足，不能成雾	检查消防水泵流量、压力、功率； 检查管道上控制阀门的开度； 检查报警阀前供水管道上过滤器，并清理； 检查管网中是否存在泄漏点
5	部分项目泡沫站靠近防火堤，泡沫灭火系统未设置远程控制功能；多数泡沫站采用压力式比例混合装置，仅设置手动操作阀门，不具备远程控制功能	依据《消防设施通用规范》（GB 55036—2022）5.0.6 靠近防火堤设置的泡沫站应具备远程控制功能
6	泡沫消防泵站与甲、乙、丙类液体储罐或装置的距离不足30m，不符合要求。 泡沫消防泵站与甲、乙、丙类液体储罐或装置的距离为30～50m时，泡沫消防泵站的门、窗朝向甲、乙、丙类液体储罐，不符合规范要求	依据《泡沫灭火系统技术标准》（GB 50151—2021） 7.1.1 泡沫消防泵站与甲、乙、丙类液体储罐或装置的距离不得小于30m；当泡沫消防泵站与甲、乙、丙类液体储罐或装置的距离为30～50m时，泡沫消防泵站的门、窗不应朝向保护对象
7	泡沫灭火系统泡沫液计算时持续喷射时间取值错误，泡沫混合液用量计算错误；《泡沫灭火系统技术标准》（GB 50151—2021）实施后，与《泡沫灭火系统设计规范》（GB 50151—2010）相比，部分参数有变动，设计人员沿用套图，导致参数取值不符合现行技术标准要求，泡沫混合液用量、泡沫液储存量计算错误	泡沫灭火系统应依据《泡沫灭火系统技术标准》（GB 50151—2021）要求及《消防设施通用规范》（GB 55036—2022）第5章相关要求核算泡沫混合液供给强度及连续供给时间等参数取值
8	泡沫灭火系统泡沫液计算时持续喷射时间未按照《泡沫灭火系统技术标准》（GB 50151）取值，常见固定顶储罐、外浮顶储罐非水溶性液体储罐液下喷射系统连续供给时间未按照不小于60min设计；内浮顶储罐泡沫混合液连续供给时间未按照不小于60min设计	按照《泡沫灭火系统技术标准》（GB 50151—2021）取值，固定顶储罐、外浮顶储罐非水溶性液体储罐液下喷射系统连续供给时间不小于60min；内浮顶储罐泡沫混合液连续供给时间不小于60min
9	泡沫灭火系统设计中，未给出泡沫比例混合装置的选型要求，常见采用囊式压力比例混合装置时，未明确泡沫液储罐的单罐容积不应大于5m³	应依据《泡沫灭火系统技术标准》（GB 50151—2021）第3.4节明确泡沫比例混合装置的选型要求
10	地上泡沫混合液或泡沫水平管道与罐壁上的泡沫混合液立管之间未采用金属软管连接，或设置金属软管连接未给出大样图	依据《泡沫灭火系统技术标准》（GB 50151—2021） 4.2.7 地上泡沫混合液或泡沫水平管道与罐壁上的泡沫混合液立管之间应用金属软管连接；埋地泡沫混合液管道或泡沫管道与罐壁上的泡沫混合液立管之间应用金属软管连接
11	《石油化工企业设计防火标准》（GB 50160—2008）（2018年版）第8.7.6条增加了大中型石化企业泡沫液储存量不应少于100m³的规定。不少项目设计图纸中沿用套图，未明确提出该要求	大、中型石化企业应依据《石油化工企业设计防火标准》（GB 50160—2008）（2018年版）8.7.6 泡沫液储存量不应少于100m³
12	泡沫液计算未考虑泡沫液进场后取样留存所需的量	《泡沫灭火系统技术标准》（GB 50151—2021）9.2.4 泡沫液进场后，应由监理工程师组织取样留存。其条文说明中给出留存量具体要求：3%型泡沫液留存50kg、6%型泡沫液留存100kg、100%型泡沫液留存400kg

序号	常见问题	应对措施
13	罐区储罐上设置的线型光纤光栅感温火灾探测器或其他类型的线型感温火灾探测器，未明确给出与防护冷却系统的联动关系要求	罐区设置的火灾自动报警系统，应明确给出防护冷却系统的联动关系
14	装卸设施处装卸车鹤位、装卸鹤管现场安装数量与设计不符	严格按经过审核的图纸施工
15	在爆炸危险区范围内的钢管架，跨越装置区、罐区消防车道的钢管架，未提出耐火保护措施	依据《石油化工企业设计防火标准》（GB 50160—2008）（2018 年版）第 5.6.1 条、第 5.6.2 条对承重钢结构采取耐火保护措施
16	石油化工企业中，可燃气体、助燃气体、液化烃和可燃液体的储罐防火堤只提出耐火极限不得小于 3h，未给出防火堤高度计算、宽度、构造的数据； 未在防火堤的不同方位上设置人行台阶或坡道，或隔堤上未设置人行台阶	依据《储罐区防火堤设计规范》（GB 50351—2014）相关要求给出防火堤高度计算、宽度、构造的数据；依据《石油化工企业设计防火标准》（GB 50160）相关要求设置人行台阶
17	联合平台或设备的构架平台通往地面的梯子数量不足或相邻安全疏散通道之间距离超过 50m	依据《石油化工企业设计防火标准》（GB 50160—2008）（2018 年版）5.2.26 可燃气体、液化烃和可燃液体设备的联合平台或其他设备的构架平台应设置不少于 2 个通往地面的梯子，作为安全疏散通道。相邻安全疏散通道之间的距离不应大于 50m
18	技术改造或扩建项目，装置的火灾危险性发生变化，或者体量增加后，未核实原有的消防水泵、消防水管线管径、自喷系统的危险级别、报警阀组所带的喷头数量、火灾探测器、手动报警按钮、应急照明和疏散指示系统、防排烟系统、灭火器等消防系统的设置是否满足改造、扩建需求	技术改造或扩建项目，应核实原有的消防水泵、消防水管线管径、自喷系统的危险级别、报警阀组所带的喷头数量、火灾探测器、手动报警按钮、应急照明和疏散指示系统、防排烟系统、灭火器等消防系统的设置是否满足改造、扩建需求

3.4 消防供电、防爆、静电接地消防审验常见问题及应对措施（表 3-4）

表 3-4　消防供电、防爆、静电接地消防审验常见问题及应对措施

序号	常见问题	应对措施
1	大、中型石油化工企业消防水泵房用电负荷未按照设计设置一级负荷双重电源	依据《供配电系统设计规范》（GB 50052—2009）3.0.2 一级负荷应由双重电源供电。 可增加一路电源，确有困难时可设置柴油发电机作为备用电源，满足一级负荷供电要求

序号	常见问题	应对措施
2	装置区的应急照明和疏散指示系统灯具固定不牢； 设置在现场的配电箱、控制箱未选用对应的防护等级，未采取防水措施	规范施工，户外设备、潮湿场所的设备订货时应注意防护等级。 依据《消防应急照明和疏散指示系统技术标准》（GB 51309—2018）第3.2.1条、《消防给水及消火栓系统技术规范》（GB 50974—2014）第11.0.9条、《建筑防火通用规范》（GB 55037—2022）第10.1.12条，提出对应设备外壳的防尘与防水等级要求
3	设计资料中，未明确室外消防配电线路的敷设方式，地上敷设时，未提出耐火电缆敷设在专用的电缆桥架内的要求；验收阶段，室外消防配电线路未按照设计要求直埋或充砂电缆沟敷设；采用耐火电缆敷设但未采用专用的电缆桥架；装置区、罐区的火灾自动报警系统的供电线路和传输线路，未埋地敷设	依据《火灾自动报警系统设计规范》（GB 50116—2013） 11.1.3 火灾自动报警系统的供电线路和传输线路设置在室外时，应埋地敷设。 依据《石油化工企业设计防火标准》（GB 50160—2008）（2018年版） 9.1.3A 宜直埋或充砂电缆沟敷设，确需地上敷设时，应采用耐火电缆敷设在专用的电缆桥架内，且不应与可燃液体、气体管道同架敷设
4	在爆炸危险1区内电缆线路、在爆炸危险2区、20区、21区内设置了中间接头，不符合《爆炸危险环境电力装置设计规范》（GB 50058）要求	依据《爆炸危险环境电力装置设计规范》（GB 50058—2014） 5.4.3 在爆炸危险1区内电缆线路严禁有中间接头，在爆炸危险2区、20区、21区内不应有中间接头
5	爆炸危险区域的电气设备防爆级别和组别与设计不符，如爆炸粉尘环境错误选用防爆组别为ExdⅡBT4的电气设备	应严格按照经过审核的图纸，选择爆炸危险环境对应的防爆电气设备
6	室外爆炸危险区域内的电气设备只明确了防爆类别和组别，未根据室外环境提出外壳防护等级要求，如设置在室外的应急照明和疏散指示标志灯具	依据《消防应急照明和疏散指示系统技术标准》（GB 51309—2018） 3.2.1 消防应急照明和疏散指示标志在室外或地面上设置时，防护等级不应低于IP67
7	消防给水与灭火设施中位于爆炸危险性环境的供水管道及其他灭火介质输送管道和组件，未按照《消防设施通用规范》（GB 55036—2022）第2.0.4条规定采取静电防护措施	依据《消防设施通用规范》（GB 55036—2022）第2.0.4条规定，消防给水与灭火设施中位于爆炸危险性环境的供水管道及其他灭火介质输送管道和组件，应采取静电防护措施
8	爆炸、火灾危险场所内可能产生静电危险的设备和管道，个别静电接地措施漏设； 未在进出装置或设施处、爆炸危险场所的边界设静电接地设施	依据《石油化工企业设计防火标准》（GB 50160—2008）（2018年版）第9.3.1条、第9.3.3条规定采取静电接地。对爆炸、火灾危险场所内可能产生静电危险的设备和管道，均应采取静电接地措施； 可燃气体、液化烃、可燃液体、可燃固体的管道在进出装置或设施处、爆炸危险场所的边界、管道泵及泵入口永久过滤器、缓冲器等部位应设静电接地设施

3.5 消防水泵房、消防供水系统消防审验常见问题及应对措施（表3-5）

表3-5 消防水泵房、消防供水系统消防审验常见问题及应对措施

序号	常见问题	应对措施
1	消防水泵电源柜、控制柜进线、出线电缆的型号与设计不一致； 消防水泵控制柜未设置机械应急启泵功能； 消防水泵控制柜的防护等级不满足设计要求； 消防水泵控制柜与消防水泵未设置在同一空间，消防水泵未设置就地启停泵按钮，无法实现维修时控制和应急控制	严格按照经过审核的设计图纸施工，并满足《消防给水及消火栓系统技术规范》（GB 50974—2014）第11章控制要求
2	消防水泵房内机组间的净距不满足设计要求； 消防水泵房内未按照设计要求设置起重设施； 消防水泵房内未按照设计要求设置与正常照度一致的备用照明	消防水泵房设置应满足《消防给水及消火栓系统技术规范》（GB 50974—2014）第5.5节相关要求，《建筑防火通用规范》（GB 55037—2022）第10.1.11条并设置与正常照度一致的备用照明
3	消防水泵的出水管道未按照设计要求设置防止超压的安全设施，部分项目超压泄压阀未进行整定调试，无法起到超压泄压作用	应严格按照经过审核的设计图纸施工、调试
4	消防水泵备用泵未设置柴油机泵，或柴油机泵不能满足100%的备用能力； 设计的柴油机泵的储油间未施工，油箱直接放置在消防水泵房内； 柴油机消防水泵未经调试，试验运行时间小于24h，柴油机泵运行1~2h就出现喘振等不良现象，造成不能连续工作	应严格按照经过审核的设计图纸施工、调试；应依据《石油化工企业设计防火标准》（GB 50160—2008）（2018年版）第8.3.8条，设置柴油机备用泵
5	消防水池（罐）的总容量大于1000m³，未分隔成2个，未设带切断阀的连通管； 消防水池（罐）未按照设计设置液位检测装置，未设置高、低液位报警	应依据《石油化工企业设计防火标准》（GB 50160—2008）（2018年版） 8.3.2水池（罐）的总容量大于1000m³时，应分隔成2个，并设带切断阀的连通管；消防水池（罐）应设液位检测、高低液位报警及自动补水设施
6	大、中型石化企业的消防用水量，未在计算的基础上另外增加不小于10000m³的储存量，近几年改造、扩建、改建项目，消防供水依托原有，未依据《石油化工企业设计防火标准》（GB 50160—2008）（2018年版）第8.4.8条增加消防水储存量； 接纳消防废水的排水系统未按最大消防水量校核排水系统能力	依据《石油化工企业设计防火标准》（GB 50160—2008）（2018年版） 8.4.8大中型石化企业的消防用水量，应在本标准规定的基础上另外增加不小于10000m³的储存量。 7.3.10接纳消防废水的排水系统应按最大消防水量校核排水系统能力，并应设有防止受污染的消防水排出厂外的措施

续表

序号	常见问题	应对措施
7	近几年改造、扩建、改建项目，消防供水依托原有，未依据《石油化工企业设计防火标准》（GB 50160—2008）（2018年版）第8.3.8条对消防水泵备用泵进行配套改造、提升，备用泵未采用柴油机泵	改造、扩建、改建项目，消防供水依托原有，应同步对消防水泵备用泵进行配套改造、提升，依据《石油化工企业设计防火标准》（GB 50160—2008）（2018年版）第8.3.8条规定，备用泵应采用100%备用能力的柴油机泵
8	消防用水量计算时，可燃液体罐区消防用水量计算错误，未考虑邻近罐的冷却用水量，导致消防水量不足，消防用水量应为配置泡沫混合液用水及着火罐和邻近罐的冷却用水量之和	《石油化工企业设计防火标准》（GB 50160—2008）（2018年版）8.4.4 可燃液体罐区的消防用水量应为配置泡沫混合液用水及着火罐、邻近罐的冷却用水量之和
9	大中型石化企业的消防用水量，未在规定的基础上另外增加不小于10000m³ 的储存量	《石油化工企业设计防火标准》（GB 50160—2008）（2018年版）8.4.8 大中型石化企业的消防用水量，在规定的基础上另外增加不小于10000m³ 的储存量
10	工艺装置内的甲、乙类设备的构架平台高出其所处地面15m，未沿梯子敷设半固定式消防给水竖管；构架平台采用不燃烧材料封闭楼板，未设置带消防软管卷盘的消火栓箱	依据《石油化工企业设计防火标准》（GB 50160—2008）（2018年版）8.6.5 工艺装置内的甲、乙类设备的构架平台高出其所处地面15m时，宜沿梯子敷设半固定式消防给水竖管。若构架平台采用不燃烧材料封闭楼板时，该层应设置带消防软管卷盘的消火栓箱
11	甲、乙类可燃气体、可燃液体设备的高大构架和设备群应设置消防炮保护，未按照《消防设施通用规范》（GB 55036—2022）第7.0.4条规定，未将消防炮设置在被保护场所常年主导风向的上风侧	依据《消防设施通用规范》（GB 55036—2022）7.0.4 将消防炮设置在被保护场所常年主导风向的上风侧
12	液化烃及操作温度等于或高于自燃点的可燃液体泵，未设置水喷雾（水喷淋）系统或固定消防水炮进行雾状冷却保护	依据《石油化工企业设计防火标准》（GB 50160—2008）（2018年版）8.6.6 液化烃及操作温度等于或高于自燃点的可燃液体泵，应设置水喷雾（水喷淋）系统或固定消防水炮进行雾状冷却保护
13	球罐区防护冷却系统平面布置图中，未依据《水喷雾灭火系统技术规范》（GB 50219—2014）第3.2.7条提出喷头应朝向球心，未给出喷头大样图；消防验收时球罐区防护冷却系统喷头未朝向球心安装；无防护层的球罐钢支柱和罐体液位计、阀门等处，未设水雾喷头保护	球罐区防护冷却系统平面布置图中，应依据《水喷雾灭火系统技术规范》（GB 50219—2014）第3.2.7条明确：喷头的喷口应朝向球心，给出喷头大样图
14	罐区的防护冷却系统或装卸区、装置区、泵区设置的水喷雾灭火系统，未明确雨淋报警阀设置位置要求，未提出防护冷却系统和水喷雾灭火系统的相关控制关系，常见雨淋报警阀的电磁阀缺少消防控制室多线盘手动控制线路	防护冷却系统和水喷雾灭火系统，雨淋报警阀的电磁阀应依据《火灾自动报警系统设计规范》（GB 50116—2013）规定，设置消防控制室多线盘手动控制线路

3.6 中央控制室、机柜间消防审验常见问题及应对措施（表3-6）

表3-6 中央控制室、机柜间消防审验常见问题及应对措施

序号	常见问题	应对措施
1	中央控制室兼作消防控制室，部分项目未按照消防控制室的要求进行防火分隔	依据《建筑防火通用规范》（GB 55037—2022）第4.1.8条、第6.4.3条，消防控制室应采用不低于乙级防火门、防火窗、耐火极限不低于2.00h的防火隔墙和耐火极限不低于1.50h的楼板与其他部位分隔
2	进行抗爆设计的中央控制室，建筑内隔离前室内门、外门具备不同时开启联锁功能，验收时联动测试火灾状态下不能自动解除联锁	依据《石油化工建筑物抗爆设计标准》（GB/T 50779—2022） 5.2.2 隔离前室内门、外门应具备不同时开启联锁功能，火灾状态下应自动解除联锁
3	进出抗爆建筑物的风管上未设置电动密闭阀； 抗爆中央控制室、机柜间的通风空调系统的进、出风口设置抗爆外墙上未按照设计安装抗爆阀	依据《石油化工建筑物抗爆设计标准》（GB/T 50779—2022） 7.4.5 进出抗爆建筑物的风管上均应设置电动密闭阀。 7.4.3 当爆炸冲击波峰值入射超压大于6.9kPa时，设在抗爆建筑物墙面和屋面上的进出风口均应加装抗爆阀
4	各建筑内的排烟风机、加压送风机、补风机，各罐区冷却的雨淋阀组的电磁阀、自动控制的泡沫灭火系统等重要消防设备未按照规范要求设置消防控制室手动直接控制线路； 部分项目通过 PLC/DCS 等工艺控制实现，不符合《火灾自动报警系统设计规范》（GB 50116）相关要求	各建筑内的排烟风机、加压送风机、补风机，各罐区冷却的雨淋阀组的电磁阀、自动控制的泡沫灭火系统等重要消防设备，应按照《火灾自动报警系统设计规范》（GB 50116—2013）要求设置消防控制室多线盘手动直接控制线路
5	个别中央控制室未进行爆炸风险评估，未进行抗爆设计；布置在装置区的控制室、有人值守的机柜间未进行抗爆设计	依据《石油化工企业设计防火标准》（GB 50160—2008）（2018年版） 5.7.1A 中央控制室应根据爆炸风险评估确定是否需要抗爆设计。布置在装置区的控制室、有人值守的机柜间宜进行抗爆设计。 依据《石油化工建筑物抗爆设计标准》（GB/T 50779—2022） 1.0.1 建筑物抗爆设计的基本目标包括：保护人员安全，保障设施正常运行，减少经济损失。在石油化工企业中，应保证中心控制室内控制系统等设施的正常运行，当一个装置发生事故时，不应影响其他装置继续安全运行或有序停车

序号	常见问题	应对措施
6	中央控制室房间面积均超过50m²且经常有人停留，抗爆设计后多数为无窗房间，只能采用机械排烟，部分中央控制室、工程师站、机柜间漏设机械排烟系统； 当控制室和有人值守的机柜间两个相邻安全出口的间距大于40m或疏散走道最远点距最近安全出口的距离大于20m时，疏散走道未设置排烟设施	依据《建筑防火通用规范》（GB 55037—2022）8.2.2、8.2.5，建筑中下列经常有人停留或可燃物较多且无可开启外窗的房间或区域应设置排烟设施：建筑面积大于50m²的间。 《石油化工企业设计防火标准》（GB 50160—2008）（2018年版）8.11.9 当控制室和有人值守的机柜间两个相邻安全出口的间距大于40m或疏散走道最远点距最近安全出口的距离大于20m时，疏散走道应设置排烟设施
7	设置机械排烟的中央控制室，部分项目未按照要求设置独立的排烟机房，个别项目将排烟风机设置在吊顶内	依据《建筑防烟排烟系统技术标准》（GB 51251—2017）4.4.5 排烟风机应设置在专用机房内
8	中央控制室兼作消防控制室，未按照消防控制室要求进行等电位连接、接地； 部分设计图纸在设计说明文字描述接地要求，接地图纸中没有明确	依据《火灾自动报警系统设计规范》（GB 50116—2013）10.2.2～10.2.4 消防控制室内的电气和电子设备的金属外壳、机柜、机架和金属管、槽等，应采用等电位连接；由消防控制室接地板引至各消防电子设备的专用接地线应选用铜芯绝缘导线，其线芯截面面积不应小于4mm²；消防控制室接地板与建筑接地体之间，应采用线芯截面面积不小于25mm²的铜芯绝缘导线连接
9	中央控制室兼作消防控制室，未按照消防控制室要求设置外线电话	应依据《消防设施通用规范》（GB 55036—2022）12.0.10 消防控制室内应设置消防专用电话总机和可直接报火警的外线电话，消防专用电话网络应为独立的消防通信系统
10	带有消防联动控制的集中火灾报警系统，未设置图形显示装置	依据《火灾自动报警系统设计规范》（GB 50116—2013）3.2.3 集中火灾报警系统应设置图形显示装置
11	按照一级、二级负荷供电的消防控制室、机柜间等处，消防设备未采用独立的配电箱，常见消防设备和工业视频监控、控制系统共用配电箱	依据《建筑设计防火规范》（GB 50016—2014）（2018年版）10.1.9 按一、二级负荷供电的消防设备，其配电箱应独立设置